U0216264

玫瑰之路

一朵花的丝路流传

厨花君　陈丽／著

漓江出版社

推 荐 序

Preface

    2010 年，我第一次见到陈丽的时候，她对中国文化和历史的热情激发了我对丝绸之路浓厚的兴趣。无论是在国际贸易发展方面，还是在文化交流和勇敢的旅行冒险方面，丝绸之路都开启了东西方历史上一个独特的、前所未有的时期。

    早在工业革命开始，现代交通和旅游业发展之前，丝绸之路就已经存在。不管是陆上丝绸之路，还是海上丝绸之路，都代表了一种影响深远，但价值往往被低估了的贸易和文化交汇枢纽。这条漫漫长路始于东方的中国，经过中亚、西亚和欧洲地区，最终抵达罗马。它对沿线许多国家的发展和繁荣做出了辉煌不朽的贡献。

    在这本书中，陈丽和厨花君两位作者，通过玫瑰这一特殊的"棱镜"，生动再现了丝绸之路上贸易、文化交汇的场景，从中也折射出了她们的另一种激情。据我所知，陈丽不仅喜欢香水，还喜欢芳香疗法和有机护肤品。在过去的 12 年里，她为极特别的玫瑰品种的开发进行了无数的尝试和研究，沿着玫瑰之路从摩洛哥到法国的格拉斯，再到中国新疆的玫瑰农场，完成了自己的"丝绸之路"冒险之旅。

一直以来，玫瑰作为蕴含着人类非常特别的情感寓意的花之类型，吸引和影响着世界各地成千上万的女性，同时与一些著名的高端美容和香水品牌，如兰蔻和迪奥，有着密切关联。对女性而言，玫瑰以其充满矛盾、独立、野性和感性的特质，承载着各种各样的象征和情感寄托，成为最迷人、最神秘的花之一。

在本书中，你将跟随她们走上这条玫瑰之路，开启玫瑰的历史，一段与丝绸之路紧密相连的历史。

Denis Morisset

法国 ESSEC 商学院教授 奢侈品管理专家

第一篇

谁是那朵
独一无二的玫瑰

1

Contents

目 录

第三篇

3

丝绸之路，也是玫瑰之路

第四篇

4

当西方玫瑰遇到中国月季

Contents

目录

本书的灵感
源自丝绸之路

玫瑰油源自玫瑰，
不仅因为太阳的挤压，更是螺旋的馈赠。
寻常玫瑰衰败，
然而这一枝，在女士的抽屉里，
当她躺下，
夏日永久芬芳。

——艾米莉·狄金森

第一篇

谁是那朵
独一无二的玫瑰

Part 1

欧洲古典玫瑰，
"真正的玫瑰"

全世界每年约有 70 亿枝玫瑰售出，然而，绝大多数人终其一生，也未曾收到过一枝"真正的玫瑰"。

这句话成立的前提是，我们必须对何谓"真正的玫瑰"达成统一的认识。

首先声明，并没有什么法规或自然科学辞典，就"谁才是真正的玫瑰"这一命题给出过标准化的答案，因为这本来就是一个感性的提问。但它又不完全唯心，有诸多史料和文艺创作，表现出了明确的倾向——在所有蔷薇属植物开出的花朵中，唯有这一类，当之无愧地被认为是"真正的玫瑰"。

是的，以法国玫瑰（Rosa gallica）、大马士革玫瑰（Rosa × damascena）、百叶玫瑰（Rosa centifolia）和白玫瑰（Rosa × alba）为代表的，在芳香产业中普遍应用的欧洲古典玫瑰，是最得到玫瑰爱好者和研究者认可的"真正的玫瑰"，也是我心目中独一无二的玫瑰之选。

即使在蔷薇属无数美丽的花朵中间，欧洲古典玫瑰仍然以其浓郁的芬芳、深厚的文化内蕴、高经济价值脱颖而出，令人将"真正的玫瑰"这一赞誉，毫不犹豫地送给它。

是的，我们有无数事实来支持这个观点。

文明史上，
古典玫瑰从未缺席

> "面对浩瀚的宇宙我一无所求，除了你，我的玫瑰，在那里你是我的一切。"
>
> ——莎士比亚

在漫长的历史中，玫瑰处处绽放。从5000年前人类尝试栽培这种植物开始，玫瑰就从未在人类的历史中缺席。它的身影留在远古洞穴的壁画上，留在新石器时代的彩陶上；从中国的唐诗到欧洲的十四行诗，不同国度、不同年代的诗人以同样的激情吟诵着它；它见证了阿拉伯黄金时代的科技大发展，启蒙了欧洲的文艺复兴，成为丝绸之路贸易的重要商品……然而，抽丝剥茧后，有一类玫瑰的身影，将最为浓墨重彩地显现出来。

翻开厚重的《自然史》（*Naturalis Historia*），在这本成书于公元 1 世纪的百科全书中，老普林尼（Pliny The Elder，古罗马博物学者）提到了诸多玫瑰，并以分布地区来区别。经历代植物学家确认，其中提到的十余种玫瑰，其实主要就是法国玫瑰、白玫瑰、大马士革玫瑰和百叶玫瑰这四种玫瑰的不同变种——可见欧洲古典玫瑰在地中海区域分布之广。

如果说对于文字资料的考证难以令人完全信服，那么自文艺复兴时期以来的画作，便提供了直观的证据。

在文艺复兴巨匠波提切利（Botticelli）的名作《维纳斯的诞生》（*The Birth of Venus*）中，风神以满天飞舞的白玫瑰，来祝贺美神维纳斯踏浪而生——这个品种的白玫瑰至今还可以在一些资深玫瑰爱好者的花园中找到。

更晚些的弗朗索瓦·布歇（Francois Boucher，18 世纪洛可可时期代表画家），为蓬帕杜夫人画过两幅著名的肖像，其中一幅蓬帕杜夫人胸前的玫瑰就是典型的百叶玫瑰。

还有 19 世纪皇家学院派著名画家劳伦斯·阿尔玛·达德玛（Lawrence Alma-Tadema）那幅只要看过就不会忘记的《埃拉加巴卢斯的玫瑰》（*The Roses of Heliogabalus*）。画面中粉色花瓣自天而降，将寻欢的人儿掩埋其中。虽然缺少整枝的花朵作为参考，但从花瓣的颜色、柔软度，以及埃拉加巴卢斯这位君主所处的时代、地域来分析，最接近的应该就是今日的大马士革玫瑰。

至于 16 世纪后才培育出的百叶玫瑰，更是因频繁出现在画作中而被称为"画家玫瑰"。

然而，如果只在自然著作和艺术作品中出现，怎能完全体现玫瑰的重要性呢？事实上，它早已全方位渗透进人类的社会生活中。全世界屈指可数的、独立起源的古文明

　　《埃拉加巴卢斯的玫瑰》，取材自《奥古斯都史》（*Historia
Augusta*）中的一段逸闻。罗马帝国的皇帝埃拉加巴卢斯被描
述成奢靡荒淫的君王，自天而降的花瓣，看似浪漫唯美，实则
将宾客压到窒息，最终死去。画面的视觉与内涵形成了强烈的
冲突，令所有见过这张画的人都深觉震撼。

中，古希腊（以及后继的古罗马）、古埃及、古波斯三大文明都与它结下了不解之缘，从埃及艳后到尼禄大帝，君主们因痴迷于它华美的姿容与芬芳的味道，而成为玫瑰早期最著名的拥趸。

在科学领域，它也未曾缺席。蒸馏术的出现和改良，原动力都是来自于玫瑰。人们希望从它这里获取神秘的能量，于是，从炼金术向现代化学的进化就这样展开了。医药领域同样能供玫瑰一展身手，它曾被用作治疗百病的良药，法国玫瑰因此有了"药剂师玫瑰"的别名。而在莫卧儿王朝贵族们的生活中，它是日常生活中不可或缺的恩物，以大马士革玫瑰制成的花水、香露消耗量巨大——注意，就是这个分支的点亮，为玫瑰推开了新的大门。

一个庞大的经济产业，因这朵玫瑰而崛起。与人类——特别是女性的生活息息相关，它的芬芳似乎有一种让人无法抗拒的魅力。从大食商人携带到世界各地的蔷薇水，到威尼斯商人最为看重的香露；从16世纪的香水手套，到18世纪的定制香氛……直至今日，在涵盖芳疗、香水、美妆等诸多领域的芳香产业体系里，它一直、永远是最为耀眼的明星。

虽然从植物学的角度探究，这只是蔷薇属众多品种里的一组，核心分布区域也仅限于欧亚大陆交界处的狭长地带；但从历史、艺术、科学、经济等其他角度看，它的重要性都是独一无二的，绝对配得起"真正的玫瑰"这一殊荣。

只有一个小小的遗憾：枝条细弱、花期短暂的它，并不适合作为商品切花使用。我们在日常生活中对于玫瑰庞大的需求，是依靠茎干粗壮、花期持久的切花品种来满足的，它们是玫瑰与月季杂交培育的产物，在无须特别区分的前提下，称其为玫瑰亦不为错。

但对于一本旨在探讨欧洲古典玫瑰的起源、传播与应用的书来说，很遗憾，我们大部分时候得把这些美貌又强健的小家伙排除在外，只在某些必要的场合邀请它们出镜。

跟着我，一起来探索这个"真正的玫瑰"的世界吧。

玫瑰、蔷薇与月季
到底是什么关系？

> 玫瑰有万千种迷人面貌，而它们彼此之间又有着错综复杂的关系，令人对这神秘的花朵愈发好奇起来。

"啊，好美的玫瑰！"

我们惊叫着，将这娇艳的花朵拥入怀中，从未想过，它究竟是一朵月季还是玫瑰，抑或是某种难以界定的蔷薇属花朵。

有关玫瑰、月季与蔷薇的科普文章很多，但很难简洁有效地解决疑问。毕竟，这是一个成员庞杂而彼此间关系又相当混乱的大家族，对非专业研究者来说，要完全搞清这些都叫玫瑰的花究竟是什么，几乎是不可能完成的任务。

玫瑰、蔷薇、月季，这几种定义互有重合的花名，经常令人困惑。事实上，玫瑰在漫长的历史中，曾经拥有不胜枚举的称呼。神圣蔷薇、徘徊花、犬蔷薇、月月红、金樱子、药剂师玫瑰、缫丝花、长春花、甜石南、白玫瑰……从东方到西方，这神奇的花朵化身万千，想要分辨得清楚，首先要搞清楚一件事：玫瑰、蔷薇与月季到底是什么关系？

从邂逅第一朵玫瑰开始，在很长的时间里，我亲自种过若干种玫瑰，读过很多相关的资料；最重要的是，作为相关行业的从业者，我有非常多的机会去探访玫瑰园、参观玫瑰萃取作坊、向专业人士请教，深入探讨它的诸多商业应用。回头再想当年对于玫瑰的认识，是多么苍白与肤浅。

爱上它，追随它，探究它，这是玫瑰爱好者的必经之路。无论你对玫瑰最初的印象来自哪里，当它频繁地与我们相见，就会让人想要对它了解更多。

需要提前说明的是，关于蔷薇属植物的分类，不同的研

究者之间还存在着分歧，本书所有涉及之处，均以中国科学院中国植物志编辑委员会编著的《中国植物志》为准。

最容易辨明的是月季，在植物学上，它归属于蔷薇科蔷薇属月季组。这个组的代表是月季花（Rosa chinensis），在古代被称为"月月红"的原始品种；香水月季（Rosa odorata）也是重要成员，它们在中国的大部分地区自古就有栽培，拥有丰富的观赏品种，以多次开花、花色艳丽为特征，在现代玫瑰分类中，被称为"中国古老月季"。

其次是蔷薇，在植物学意义上，它可以代表所有蔷薇属植物。但在日常生活中，大家约定俗成地用它来指代那些蔓生的、花朵较小的、品种较为原始的蔷薇属植物，混淆的概率也比较低。

最难搞清楚的就是玫瑰，因为在不同的语境中，它的内涵会发生极大的变化，必须得静下心来，抽丝剥茧般地一层层去了解：

第一，作为单纯的植物学名词，它指的是皱叶玫瑰（Rosa rugosa）。《中国植物志》将"玫瑰"这个汉语名词，给予了"Rosa rugosa"这个特定品种。它属于蔷薇属桂味组，主要特征是叶表有明显的深陷叶脉，"Rugosa"的意思就是"布满皱纹"，学名便是因此而来；每年初夏开花，并且具有浓郁香气；在国内的代表品种是平阴玫瑰；也用于萃取精油，但这种玫瑰精油在国际芳香产业中没有得到普遍应用，在本书的另一章节中，我们将认真地探讨这件事情。

第二，当它在芳香行业及相关背景下被提及时，指的就是欧洲古典玫瑰，即在上一篇文章中，我们详细描述的那一类。

第三，在当下的日常生活中，不加任何前提地提及时，所有我们能见到的、血统复杂的蔷薇属培育品种都可以被称为玫瑰。只有少数栽培观赏的品种，特征比较接近古老月季的，仍然被叫作月季。而蔷薇，通常用来称呼那些野性难驯的藤蔓品种。英文就更笼统了，玫瑰、蔷薇与月季一锅烩，"Rose is a rose is a rose"，除了爱好者和研究者，一个单词就够用了。

血统复杂，其实就是今天人们对于这三者傻傻分不清楚的关键所在。

和柑橘家族一样，玫瑰家族也具有成员众多和彼此间关系混乱两大特色。玫瑰新品的培育意味着各品种间反复地交配与回交，使得玫瑰谱系图看起来就像一张蜘蛛网；并且，以1867年一个著名品种"法兰西"（La France）的成功培育为分界点，又分为古典玫瑰与现代玫瑰两个时期。

说到柑橘家族的故事，那已经成为自然科学界的段子了。以宽皮橘、柚子和枸橼三个野生种为源头，衍生出一个血统难以厘清的大家族。直到进入基因时代，美国能源部联合基因组研究所的科学家们，动用DNA分析手段，才算勉强给它们排了个家谱。

玫瑰家族略好一点的是，在相当长的时间里，它们在两个相对集中的区域各自进化：在中国，多次开花、花色艳丽的古老月季是代表；在地中海东岸区域，气味芬芳、每年只初夏开一次花的古典玫瑰是代表。直到进入大航海时代，全球物种开始频繁交流，中国古老月季和欧洲古典玫瑰相遇，才碰撞出激情的火花。

正因为这种爆发式的人工培育，现代玫瑰的遗传背景才相对狭窄。数不清的园艺品种，主要源于大约十个原生品种，其中月季花和法国玫瑰是最主要的两种，其他诸如香水月季、光叶蔷薇（Rosa wichurana）、异味蔷薇（Rosa foetida），也是不可或缺的重要角色——它们本身虽然不为大众所熟悉，但现代玫瑰的诸多著名品种都有赖于它们的参与。

分不清楚所有成员怎么办？我有一个快刀斩乱麻的解决方案：只要能从一百朵美丽的花里，找出那朵"真正的玫瑰"就行了。

时至今日，蔷薇属的杂交育种成果斐然，我们今天称之为"玫瑰"的花朵拥有了千百般模样。单瓣的、重瓣的；香槟色的、白色的、粉色的、深红色的；壮硕的、纤弱的……它们以完全不同的姿态，装点着现代人的生活。

与时俱进和保持经典，
都是玫瑰的品格

> 在人们严格地坚持无性繁殖优势品种
> 玫瑰的同时，玫瑰又以令人吃惊的进化速
> 度，在生活消费领域展示着一朵花是如何
> 与时代共同前进的。

怎样才能在花瓶里插上几枝"真正的玫瑰"？

到目前为止，我找到的唯一途径，就是拿上剪刀，去花
园里剪几枝含苞待放的大马士革玫瑰或白玫瑰——而且时间
还要限定在初夏的清晨。

与此相较，切花月季才是这个时代的风潮，它茎干粗壮，

借助现代保鲜技术，可以越洋而来，在花瓶中盛开一周甚至更久。美国维瓦公司曾经做过一次商业化实例展示，运用他们最新的真空保鲜技术，一束切花玫瑰的冷藏寿命可以超过50天。

这意味着什么？

在当下切花玫瑰的平均寿命只有20天左右的情况下，如果这个技术能以低成本普及，那么，整个鲜切花的商业模式将有极大的改变：种植基地有可能进一步转移，形成更为合理的全球布局；物流也无须像现在这样依赖空运，被人诟病的高碳排放会明显下降；淡旺季能够更加灵活转换，花卉生产者们过了圣诞节就可以开始采收囤积情人节所需的玫瑰……

作为一种需求量相当大的消费品，切花玫瑰的技术提升从来不缺乏动力，每每都令我感叹，居然还能做到这个地步！

这种改变，有时候很硬核，有时候，又很柔软温暖——毕竟，像鲜花这样的商品，要打动消费者的钱包，必须先打动他们的心灵。

比如，奥斯汀那款著名的茱丽叶（Juliet），作为切花品种中花园玫瑰（Garden Rose）这一类别的开山怪，它极似古典玫瑰的外形，对玫瑰爱好者来说，实在难以抵挡。另一个例子是伊芙伯爵（Yves Piaget），难得的一个以香气著称的切花品种，味道介于大马士革的甜香与百叶玫瑰的清香之间，偶尔在花店遇见，也难免流连。

虽然在所有被泛称为玫瑰的花朵中，我独钟情于欧洲古典玫瑰，但切花玫瑰的这种积极进取，真的是越来越频繁地戳中红心，慢慢地我对它也开始路转粉了。

和切花玫瑰的与时俱进恰好相反，古典玫瑰保持永恒的经典。

你可能无法想象，芳香产业最为倚重的两种玫瑰——大马士革玫瑰和百叶玫瑰，在分别发展出卡赞勒克玫瑰（保加利亚玫瑰主流品种）和五月玫瑰（格拉斯、摩洛哥玫瑰主流品种）这两个优势品种后，数百年间几乎没有变化过。它们主要依靠压条和扦插这两种无性繁殖方式，以保证新的玫瑰植物完整复制母株的性状特征。所以，新玫瑰园的建设会因为种苗数量的供应而进展缓慢，甚至采用一些其他品种的成株玫瑰作为砧木进行嫁接，但这是必要和值得的，因为有一个庞大的产业领域依赖它而存在。

众所周知，玫瑰芳香成分的多变是它迷人又恼人的特质。如果品种出现变异，所萃取的精油就会出现指标上的明显差异，这种波动所导致的巨大损失，是整个产业都无法承受的。

更多的古典玫瑰，一方面作为素材参与现代玫瑰的繁育，另一方面努力保持着自身的不变。这样，今天我们在花园里种下的单瓣法国玫瑰或是约克白玫瑰，与数百年前历史记载的那朵并无二致。古与今，新与旧，守成与进取，在玫瑰身上就是这样神奇地并存着。

与时俱进，或保持经典，都是玫瑰所展现的、令人敬佩的品格。

老普林尼在《自然史》中提到，普雷尼斯特（Praeneste，意大利古城）曾生长着一种玫瑰，经现代学者考证，应该就是法国玫瑰的原始品种。然而，时光逝去，谁也不知道当年曾悄然盛开在伟大的博物学者面前的那一朵，究竟有多么美丽。

　　和现代玫瑰品种的日新月异不同，大马士革玫瑰保持着始终如一的品质。一个优势品种会严格地采用无性繁殖的方式，以保证品种特性的稳定。在大马士革玫瑰园中，无论你走多远，身边的玫瑰都是熟悉的面貌。

Part 2

探寻玫瑰之香

玫瑰固然以它的美貌为人称颂，但那和它所散发的芬芳比起来，又算得了什么呢？甜美的、清新的、馥郁的、梦幻的、娇媚的、优雅的、细腻的、纯粹的……可以说，将我们能想到的任何一个与美好气味有关的形容词加诸玫瑰之身，都不会出错。

　　而从玫瑰研究者的角度来看，这令人痴狂的香气，奥妙究竟何在呢？

独一无二的
玫瑰气息

300 余种香气化合物，以人类尚无法完全理解的方式，构成了玫瑰那千变万化的芬芳气息。

玫瑰的香气从何而来，它为何如此多变又迷人？这是我百思不得其解的问题。

不要说不同品种玫瑰之间的差别，就说我种在园子里的那同一株平阴丰花玫瑰，在花蕾状态、初绽时、盛放时，闻起来味道都大不相同。含苞待放时是带着清新草味的幽香；盛开时是丰富而和谐的甜香；花瓣纷纷掉落后，残留的花蕊和花萼，还带着余韵犹存的熟香。这种自然成就的天然变化，是任何标榜丰富多变的人工香氛都无法企及的。

玫瑰的芬芳究竟由什么来决定？文艺创作者可以用一句话来解释：这是造物的奇迹。显然，这个答案并不能让有一点追根究底精神的玫瑰爱好者满意。且让我们先抛开诗意，尝试着从科学的角度，来探究一下玫瑰香气的奥妙。

玫瑰的香气，主要来源于它所含有的醇类、酯类、烷烃类、醚类、醛类、萜烯类等物质。在运用了包括气相色谱－质谱联用技术、电子鼻等诸般现代科技手段后，目前已从玫瑰精油中检出的成分有 300 余种（平均每种精油能检出 100 多种成分，不同品种有所差异），它们通常被叫成 ×× 醇、×× 醛、×× 醚、×× 酮、×× 酯、×× 烯等。

玫瑰，就是一位天生的调香圣手，将这 300 余种化合物玩弄于股掌之上，通过对它们含量和比例的调控，散发出千变万化但又不离其宗的玫瑰之香。在我们闻来截然不同的玫瑰气息，可能只取决于数种物质的细微区别。比如，大马士革玫瑰与百叶玫瑰，甜香与清香的代表，关键就在于前者含有微量的玫瑰醚，而后者金合欢醇的含量更高。

300 多种化合物的排列组合有多少种变化？那是个天文数字。所以人类只能化繁就简，只选取那些起关键作用的当作指标：香茅醇、香叶醇、橙花醇和苯乙醇。这是国际标准化组织（ISO）规定的，用于检测玫瑰精油品质的重要依据。

香茅醇和香叶醇，两者是玫瑰精油中不可或缺的重要物质，当这两者含量都很高的时候，玫瑰会散发明显的甜香——是不是立刻想到了大马士革玫瑰？没错，保加利亚玫瑰谷所产的精油，香茅醇含量高达 40%，香叶醇则为 20% 左右。

橙花醇是香叶醇的异构体……你可以大致理解成它俩的构成物质相同，但排列方式不同。所以，橙花醇的味道更为优雅柔和，它贡献的是甜蜜的花香、木香和清新的柠檬香。

苯乙醇，一种非常有趣的成分，人们对它的认识也在逐渐改变。它的气息是清甜的花香味，闻起来令人想到花园里盛开的玫瑰。但通过蒸馏后，它会很大程度地溶于水中，所以在奥图精油中，苯乙醇的含量比较低，这也是大马士革玫瑰精油闻起来"不太像玫瑰"的奥妙所在。相反，用化学溶剂萃取，苯乙醇会保留得比较充分，所以，也就更接近自然界的花香。

人类用简单粗暴的方式来检验玫瑰精油，但这只是一个不得已而为之的办法。玫瑰中所含有的许多微量成分，都有极强的风味感：芳樟醇，呈现柔和的木香和果香气息；丁香酚，明显的辛香气息；香芹酮，甜香中带有辛辣气息……人工制造玫瑰香精，就是在对这些化合物研究的基础上，将它们排列组合，以求得到尽可能接近天然玫瑰的芬芳。

如果说只是因为品种不同，玫瑰香气各异，倒也罢了，但它的恼人又迷人之处，可不仅在于此。同一品种的玫瑰，也会因为种植地的气候、土壤状况等环境条件不同，在成分上出现明显的差异。比如，同样是大马士革玫瑰或是百叶玫瑰，从优势产区引种到其他地方后，即使严格地按标准工艺摘取花朵、萃取精油，各项指标与优势产区的相比较，仍然会相去甚远。

即使已经琢磨了千百年，我们仍然无法完全窥透玫瑰的芬芳背后，究竟隐藏着哪些奥妙。

唉，描述玫瑰之香这件事，还是交给诗人吧。

　　无论是哪种玫瑰，闻起来都有一种甜美的香气，这多半来自于香茅醇，一种在多种植物精油中广泛存在的天然有机化合物。其中，在香茅、芸香中存在的是右旋香茅醇；而玫瑰中所含有的，主要是左旋香茅醇，它的甜香更为幽雅。

泉客贩到
蔷薇露

"喷鼻香"的蔷薇水，装在圆腹长颈的琉璃瓶中，沿海上丝绸之路而来，成为两宋士大夫与贵族仕女生活中不可或缺的奢侈消费品。

公元 958 年，蔷薇水第一次出现在中国正式的史书记载中，时为后周显德五年。"昆明国献蔷薇水十五瓶，云得自西域，以洒衣，衣敝而香不灭。"

显然，这时候的蔷薇水和今天的玫瑰香水远不能相提并论，但却已经足够惊艳。来自异域的香氛，迅速成为宋代上流阶层的新宠，熏衣、染香、礼佛、上妆……不一而足，在诗词歌赋中更是成为一种微妙的意象，令人读来口齿亦留香。在《宋史》中屡次出现蔷薇水作为贡品的记录，但其数量有限，远远不能满足旺盛的需求。于是，海外贸易成为有效的补充，南宋晚期的《百宝总珍集》中便有这样的记载："泉客贩到蔷薇露，琉璃瓶贮喷鼻香。"

蔷薇水如何改变了宋人的风雅生活呢？从熏衣中便可一窥。在蔷薇水到来之前，为衣服熏香就已经是贵族习惯的生活方式了。但那是一种火熏：将衣服铺开在竹片编成的熏笼上，然后，点燃下方的火炉，火炉上则覆以各种名贵香料。借助这种小火熏蒸散发的味道，来为衣服染香，显然，这是个费时、费工又费料的过程。

蔷薇水出现后，熏香就变得简单多了，只需要把少许蔷薇水均匀地喷洒到衣服上，就有香气盈鼻。就像刘克庄的《宫词》中提到的那样："旧恩恰似蔷薇水，滴在罗衣到死香。"可为佐证的是另一位诗人郭祥正的诗句："唯有蔷薇水，衣襟四时熏。"

所谓泉客，是指来自泉州一带的商人。两宋时，阿拉伯国家与中国的贸易往来相当繁密。其时西北少数民族政权割据，丝绸之路受阻；而东南一带局势平稳，取道印度、南洋群岛的海上丝绸之路取而代之，泉州便是这条路的重要节点。全世界的商人在此进行贸易，再由"泉客"接力，将蔷薇水贩卖到上京都城。

两宋时期（960—1279 年），对应的正是世界历史上的"伊斯兰黄金时代"。从 8 世纪到 13 世纪，阿拉伯帝国及其后续王朝，在农业、工业、科技、艺术等各个领域都有突破性的发展。作为奢侈品的瓶装蔷薇水，正是有赖这样的环境才能被大量制造出来，并行销世界各地。

所谓瓶装蔷薇水，除了要有蔷薇水，还得有晶莹剔透的琉璃瓶。从罗马帝国时期（约对应汉朝）到萨珊王朝时期（约对应隋唐），玻璃器一直都是丝路贸易中大受欢迎的工艺品，与中国瓷器相映生辉。至 9 世纪，伊斯兰玻璃器艺术大盛，涌现大量装饰精美的玻璃容器。与此同时，蒸馏术日益发展，伊本·西那（Ibn Sina）改良了蒸馏术，并进行了史料记载的首次正式玫瑰精油萃取。

然后还要加上玫瑰规模种植技术的提升，以及阿拉伯商人无远弗届的行商范围。可以说，是冶炼业、化学、农业、贸易等不同行业的齐头并进，才成就了行销世界的大食蔷薇水。

这样的来头，决定了蔷薇水的身价，而宋代士大夫足够风雅却未必足够富贵，买不起，那就只能自己制造。蔷薇属植物在当时已经成为民间普遍种植的观赏植物，茉莉、梅花、瑞香等芳香花卉也不缺乏。

技术从何而来呢？对于蔷薇水这种垄断商品，技术保密是必然的。在一本名为《墨庄漫录》的文人杂记里，有一段有趣的记录，据说是"禁中厚赂敌使"而得，然后才流传开来。宋人蔡绦在《铁围山丛谈》就有这样一段探讨："旧说蔷薇水，乃外国采蔷薇花上露水，殆不然。实用白金为甑……采蔷薇花蒸气成水，则屡采屡蒸，积而为香，此所以不败。"对于蒸馏术的原理，宋人已经认识得很明确了。

文人负责从理论上探讨，民间的手工业者便负责实践。因为没有充足的玫瑰原材供给，聪明的劳动人民改而使用茉莉——从今天的芳香产业发展来看，这是非常了不起的选择。之后，柑橘花朵、栀子花、瑞香、梅花等传统香花都曾有人尝试过，乃至薄荷、沉香等亦在其列，各有优劣，还出现了

八七

复合型的"取百花香水"。不过，受科学发展水平的限制，以及技术细节的缺失，这些花水都还相当原始。

直到明末清初时，来自德国的传教士熊三拔在一本介绍农田水利科技的书《泰西水法》（泰西，旧泛指西方国家）中，才完整地记录了一套合乎标准的精油蒸馏法。在非常详细地描述了器具、制法之后，他特地提到："凡为香，以其花草作之，如蔷薇、木樨、茉莉、梅、莲之属；凡为味，以其花草作之，如薄荷、茶、茴香、紫苏之属。诸香与味，用其水，皆胜其物。"

但那时候，欧洲的香水工业已经进入了一个新的发展阶段。

那些大名鼎鼎的
玫瑰香氛啊

从 Jo Malone 的 Red Roses，到 Buly 1803 的 Eau Triple Rose de Damask，玫瑰是香氛不可或缺的灵魂。

古诗里香艳的蔷薇水，进化到了现代，就成了缤纷多样的玫瑰香氛。坦率地说，没有什么比一瓶玫瑰香氛，更能够瞬间将人带入玫瑰的绮丽世界。

自从 1889 年娇兰推出了著名的积琪（Jicky），开创了现代香水三阶式结构（即香味由前调头香、中调基香和尾调末香三个阶段组成）的新时代后，香水配方就变得令人眼花缭乱起来。要是不能在前、中、尾三调中花样百出地使用各种珍稀香料，仿佛就是在说，调香师没有尽心。以至于现在我们随手点开一篇香水文案，都像是走进了一个了不得的神奇花园，各种以芬芳著称的花朵沿小径竞相盛开，你只需要慢慢散步过去就行了。

然而，经济学家提出的二八定律在调香界也同样生效：80% 的香气，都来自于那 20% 的香料。如今的香水，大多数含有几十到一百余种成分不等，但玫瑰、茉莉、乳香、檀香、柑橘、橡树苔……这些眼熟的名字每 5 瓶香水里至少出现 1 次！好在虽然香料重合度高，但是可以通过不同成分比例的调和，来呈现调香师苦苦追寻的、那具有微妙独特性的香气。更何况，单是一味玫瑰，就能够玩出千百种花样来。

比如，几滴香奈儿的 5 号香水（Chanel，No.5），便在时尚史上留下不计其数的逸事，其中最著名的非一代名伶玛丽莲·梦露的那句名言莫属："我只穿香奈儿 5 号香水睡觉。"

这真是一句绝妙的描述，短短几个单词营造的旖旎画面让人寻味良久，堪与她在电影《七年之痒》中身着白裙，站

在地铁风口的那个画面相提并论——这就是人类的性感所能
达到的最高境界啊。

目前，在调香中可以应用的不同玫瑰香味，有17种——
注意，这并不等于是17种玫瑰，而是将真实的玫瑰品种和
人工调配出来的典型玫瑰风味都计算在内。大马士革玫瑰型
和百叶玫瑰型当然都在其中，其他比较基础的，还有茶香玫
瑰型（即香水月季，有着木香气息与干燥的甜香感）、麝香
玫瑰型（辛香而甜蜜，有种野性的风味）。

故此，从祖马龙的红玫瑰（Jo Malone，Red Roses）、
路易·威登的风中玫瑰（Louis Vuitton，Les Parfums），到
蒂普提克的玫瑰之水（Diptyque，Eau Rose），虽然都是圈
粉无数的经典玫瑰香氛，但各自都有鲜明的特质，绝不会有分
毫混淆。这取决于调香师们对于玫瑰香调的应用，更深入地说，
是对于玫瑰的理解与具体呈现。

有时候，这种玫瑰的混搭有点令人不得其解，比如法国
调香师安尼克·古特尔（Annick Goutal）曾出过一款玫瑰
香水，直接就叫玫瑰净油（Rose Absolue）。在商品文案
中提到它融合了6种玫瑰：五月玫瑰、土耳其玫瑰、保加利

　　1921 年，香奈儿 5 号香水的初版海报。画面简洁而淡雅，身着蓝裙的女郎是优雅的化身，唯有粉色的面颊与一点红唇，透露出她内心压抑不住的热切向往，这正是品牌想要传达的——玫瑰对于女性，究竟意味着什么。

亚玫瑰、大马士革玫瑰、埃及玫瑰和摩洛哥玫瑰。这种混乱的分类方式，让我只想给品牌商发个邮件问个清楚："请问你们的保加利亚玫瑰和大马士革玫瑰究竟有什么区别？"

想一想，别那么较真，香水，本来就是一种感性为主的商品。

当然，很多著名香水是绝对经得起我这种小挑剔的，比如永远的 No.5。法国小镇格拉斯，全世界的香水之都，种植的五月玫瑰属于百叶玫瑰的变种，独具清香凛冽的玫瑰气息，也是最早入香的品种之一。由于产量有限，它所成就的玫瑰香氛虽然在数量上不能与大马士革玫瑰媲美，但无一不是大明星。除了香奈儿的 No.5 和风中玫瑰，迪奥的迪奥小姐花漾香氛（Dior，Miss Dior）也是无人不知，还有天才调香师弗朗西斯·库尔吉安（Maison Francis Kurkdjian）最具知名度的代表作爱恋玫瑰香氛（À la rose）。

玫瑰香氛的另一大阵营当然就是大马士革玫瑰喽，举个例子……例子实在太多，挑一个名字比较有代表性的吧。Buly 1803 的三重水大马士革玫瑰（Eau Triple Rose de Damask），以不含酒精为独特诉求的新贵香氛，馥郁的甜香令人绝不会错认。

不过，像这样格外强调单一玫瑰风格的香氛是少数派，绝大多数香氛都使用了多种玫瑰来进行调配。像祖马龙的红玫瑰，便使用了 7 种玫瑰，最终，带来的强烈印象是"犹如将情人节刚收到的新鲜玫瑰花束捧在胸前时所闻到的香气"。

玫瑰，一种难以用言语表达其内涵的植物；而香氛，在褪去了中世纪遮盖体味的实用功能之后，也已经完全成为一种情感商品。此二者的结合，如何还能用理性的标准去分类和分析？

在浩渺的香水世界中，可以说，每款能留名的玫瑰香氛，都具有其可以称道之处。爱慕的同名香氛（Amouage，Amouage），玫瑰作为前香，弥漫于敏感的阿拉伯气息之中。雅诗兰黛的欢沁（Estee Lauder，Pleasures），灵感来自雨中的花朵，为了凸显这种从心底生发的愉悦，海湾玫瑰被作为一种特别素材加入……

即使在不以玫瑰为主打的香氛中，你还是能找到这朵花的身影。令我印象深刻的莫过于巴尔曼的清风（Balmain，Vent Vert），著名的绿叶香型，在 20 世纪 90 年代复刻推出时，加入了更具现代感的玫瑰，芬芳远远地从树林彼端飘来。

爱哪一支，不爱哪一支？只能用一个万能的方式来挑选，让你的心做主。当闻到一种玫瑰香氛，它让你满心欢喜雀跃，那就是属于你的。这就是挑选玫瑰香氛的唯一标准，也是在任何时候选择玫瑰的唯一标准。

如何形容一朵玫瑰的香气？无论用多少华美的辞藻，也不及真正将它采撷在手，深嗅一口那自然成就的奇迹芬芳。

Part *3*

玫瑰，
以美的名气升华

"我的孩子，有三种提取办法：热提取法、冷提取法、油提取法。它们在许多方面都胜过蒸馏法，人们使用这些方法可以得到一切芳香中最美的芳香：茉莉花、玫瑰花和楼花的芳香。"德国作家徐四金（Patrick Suskind）的代表作《香水：一个谋杀犯的故事》（*Perfume: The Story of a Murderer*），既是情节精彩的悬疑小说，亦让玫瑰爱好者们大呼过瘾。

伊本·西那的
美丽炼金术

一千多年前，炼金术士有意或无意间，以玫瑰花瓣蒸馏而得的澄澈液体，成就了一场延绵至今的美丽传奇。

从一枝开放于花园的玫瑰花，到令无数人痴迷的水晶瓶中的玫瑰香氛，中间要走多长的路？

这条路的起点，要追溯到一千多年前。如果要找个确切的时间点的话，我觉得，在历史上伊本·西那第一次制得玫瑰精油的那个清晨，应该是个不错的选择。

粉色的花瓣被层层铺在滤网上，下面是半锅沸腾的水，水蒸气源源不断地产生着，向上升腾，穿过花瓣缝隙，而后进入一条细长的管道。管道的后半截，浸泡在冷水中，最末端是两个一高一低的出口。

这是当时的哲人、御医、炼金术学者伊本·西那的实验室里曾经发生的一幕。这位全能学者相信，这样能够抽取那些肉眼无法看到——但肯定真实存在的——蕴藏于玫瑰花内的神圣能量，他需要这些能量来"点石成金"。

对于黄金的渴望，令炼金术在中世纪一直盛行不衰。生活在10世纪的伊本·西那，尝试着将玫瑰与诸般金属混合，意图借助前者的神秘力量，改变金属的本质，从而在实验室里制造出黄金。虽然我们不知道他进行了多少次试验，但可以肯定的是，没有成功。

伊本·西那肯定不知道中国有个成语叫歪打正着。作为蒸馏法的改良者和人类历史上第一次蒸馏（Steam Distillation）精油的实验者，他将永远被历史铭记，被人们称为"精油之父"。而玫瑰，则是这个伟大时刻的见证者。伊本·西那在欧洲被称为阿维森纳（Avicenna）——也许这个名字更为人熟知，几乎所有与香水有关的著作中，都会出现。

这个蒸馏过程的核心，今天仍被沿用着：首先是依靠热蒸气帮助精油突破细胞壁；然后油水混合物沿着长而曲折的鹅颈管，进入冷凝管；最后骤降的温度使得水蒸气凝结，进入专门的分离器皿。由于精油和水的比重有着明显差异，在器皿中会自动分层，上层的橙黄液体便是初萃的精油，而下层仍然含有少量芳香成分的混合液体，则被称为玫瑰花水。

在伊本·西那蒸馏出第一瓶玫瑰精油之前，无论是埃及人供奉神明的玫瑰香水、玫瑰油，还是尼禄大帝每日必不可少的玫瑰露，按照现代标准，严格地说，都只能叫"玫瑰浸泡物"。比如玫瑰油，将玫瑰花瓣浸泡于植物油中，经过漫长的放置，花瓣会慢慢析出精油等脂溶性成分，从而让整瓶油都散发出玫瑰的芬芳。

可以想见，这样制得的，只能是仅供极少数人享用的奢侈品。

伊本·西那改良的蒸馏法，将极少数人的范围扩大到了少数人……不要笑，这已经是了不起的进步。因为直至今日，玫瑰精油仍然是价比黄金的昂贵原料。在一次又一次地提高萃取效率后，我们要获得 1 公斤的玫瑰精油，仍然需要 3000 ~ 5000 公斤上好的玫瑰花瓣。

神明再次眷顾，这一时期的阿拉伯人又发现了酒精的制取方法。顺理成章地，这里的香水制造业迅速发展，大食蔷薇水的魅力，连远在千里之外的宋朝贵族都无法抵挡。"大食国蔷薇水虽贮琉璃缶中，蜡密封其外，然香犹透彻闻数十步，洒著人衣袂，经十数日不歇也。"

而我一直想弄明白的是，世界上这第一瓶玫瑰精油和第一瓶玫瑰花水，究竟是大马士革玫瑰还是法国玫瑰的萃取物？

因为没有明确的记载，所以只能靠已有的资料去推测。最值得参考的，当然是男主角伊本·西那的生活轨迹。幸好，作为公元 10 世纪最伟大的人物之一，关于他的资料算得上

　　大马士革玫瑰的出油率是万分之三点八，也就是说，三千公斤的玫瑰花，才能萃取出一公斤精油。请注意，这还是一个理想状态的数字，它需要气候最佳的年份、处于盛花阶段的玫瑰种植园以及一流的生产工艺来共同成就。

是相当丰富。

伊本·西那于公元 980 年出生于布哈拉（Bukhara，9—10 世纪时为波斯萨曼王朝首都，今为乌兹别克斯坦第三大城市），天赋不凡，18 岁时便出手治好了国王的病，成为宫廷御医，并由此获得了浏览皇家藏书的机会。不久后，王朝覆灭，他迁居至花剌子模，十余年后又流亡到伊朗哈马丹，直至 57 岁去世。虽然生平动荡，但这并不妨碍伊本·西那在医学、哲学、早期化学领域取得令人震惊的成就。作为古代阿拉伯地区最伟大的医生，他所编著的《医典》，在 17 世纪以前的中亚、欧洲都被作为主要的医学教科书来使用。

如果从生活的区域上来判断，伊本·西那应该是就地取材，选用起源于此、今天仍在这片区域广泛种植的大马士革玫瑰。

然而，且慢将"贡献人类历史上第一瓶蒸馏精油"这项荣誉送出去，因为法国玫瑰也能找到支持自己的资料。

法国玫瑰的原产地在中欧、南欧及西亚，栽培历史悠久，同样与伊本·西那所在的区域有重合。另一个有利的证据是，在漫长的中世纪，它又被称为药剂师玫瑰（Apothecary's

Rose），因为人们确信这种芳香诱人的娇艳花朵，具有相当大的医疗作用。

伊本·西那就曾用它来治疗肺结核，将法国玫瑰以糖腌渍后，注射入气管，以期它随着呼吸进入肺部治愈病灶。后来，拜占庭帝国甚至将之当成皇家所用的退烧处方，在西亚一带流传甚广。阅读这段资料的时候，我迅速脑补了一下糖腌玫瑰的模样，觉得虽然起不到什么治疗作用，但至少过程很甜美呀。

但那个清晨，无论伊本·西那放进蒸锅的是大马士革玫瑰还是法国玫瑰，那都是一个美丽而伟大的时刻。

又过了一百多年，十字军东征，大马士革玫瑰和蒸馏法被带到了欧洲，得到了大规模的广泛应用。无论是早期香水的兴盛，还是芳香疗法的长足发展，都与此息息相关。

当我第一次踏进格拉斯小镇的香水作坊，近距离观察玫瑰花水的制取时，伊本·西那所改良的蒸馏结构图瞬间在脑海里浮现。虽然阿拉伯的手工铜锅换成了晶莹剔透的玻璃器皿，但玫瑰依旧，玫瑰花水的芬芳，与一千多年前的也并无二致。

奥图精油
两百年

玫瑰精油虽然在 10 世纪就出现了，但真正作为一种规模供应的工业制品，那还得等到 19 世纪，保加利亚、伊朗等地开始规模种植玫瑰，形成优势产区之后。

伊本·西那在实验室里萃取的那瓶玫瑰精油，和今天芳香产业最为推崇的奥图精油（Rose otto）有何不同？唯一也是最重要的区别，就是品质。

奥图精油，被公认为世界上品质最好的玫瑰精油。它特指以循环水蒸馏法制取的大马士革玫瑰精油；并且在大多数情况下，人们只将保加利亚玫瑰谷出产的，称为奥图精油。

经常有人问我，奥图这个词何解？是有一个叫 Otto 的人发现了这种精油的萃取吗？或者是有其他含义？

这还真是个容易将人导入歧途的单词。"Otto"是中古时期常见的一个英文人名（现在则更多地用于宠物取名），它的来源可以追溯到古德语。作为一个词根，"Otto"代表的是有钱，所以很受那时候父母的欢迎，用它来为自己的孩子起名。

然而，和玫瑰精油有关的"Otto"，跟钱一点也扯不上关系。事实上，它是一个名词经过多种语言翻译后，形成的有趣的巧合。

在有悠久玫瑰种植历史并且率先发展出蒸馏术的阿拉伯地区，人们将玫瑰的这种萃取产物称为"Attar"（在阿拉伯语中读音如 Attar），大致意思是芬芳的液体。随着这种芬芳液体被传播到各地，它的名称也在传播中有了些许的变化，最终，定格为好读又好记的"Otto"，翻译成中文就是奥图。

奥图精油在所有的玫瑰精油中，质量最佳，售价最贵，所以，它成为顶级精油的代名词。随着全球玫瑰产业的发展，

广义上来说，从摩洛哥到中国渭南，以大马士革玫瑰作为原材料，使用蒸馏法获得的精油，都可以这么称呼；但在商业领域，这些精油与保加利亚的出产仍然有明显差距。

保加利亚人理应享有对奥图精油的隐性主权，在其他玫瑰产地纷纷采取明显高产的溶剂萃取法时，他们仍坚持着几百年来一脉相承的萃取方式，从不曾动摇过。如此，才令奥图精油在芳疗领域始终具有独一无二的至高地位。

曾有研究者专门比较过玫瑰谷 20 世纪初与现在的玫瑰精油的生产，得到的结果令人吃惊：从前采用的传统装置和现在工厂最新设备的出油率几乎相同。也就是说，在 20 世纪初，用传统工艺萃取的奥图精油，已经达到了我们今天仍没有超越的巅峰。

今天的蒸馏技术，甚至和 10 世纪并没有多少区别，蒸馏釜、长长的蒸汽导管、冷凝室和收集容器构成了这套装置。想要得到 1 公斤奥图精油，就需要采集 3000 公斤玫瑰花。这个令人咋舌的比例，还是在比较理想的状态下得到的。如果遇到气候异常的年份，比如 5 月份降雨减少，较往年升温更早，炎热干燥造成玫瑰精油含量下降，3000 公斤就可能变成 5000 公斤甚至 8000 公斤。玫瑰精油的昂贵，完全不需要再多做解释了吧。

当然，在这个技术飞速前进的时代，玫瑰并没有完全拒绝科技进步带来的变化，也创造了属于它的奇迹。伴随着溶剂萃取法的升级换代，香水行业开始更倾向于使用玫

瑰净油 (Rose Absolute)。它的原理是利用石油醚等溶剂获得玫瑰提取液，再进行一系列过滤和浓缩，制成玫瑰浸膏；浸膏经过脱蜡，就是玫瑰净油，也有翻译为玫瑰绝对油或玫瑰原精的。

　　溶剂萃取法的最大好处是，生产效率显著提升，并且减少了芳香物质的损失，风味更接近于原始玫瑰。但也有美中不足之处：一则玫瑰中的某些微量成分，可能和化学试剂会发生某种不可控的反应；二则可能存在化学溶剂残留。所以玫瑰净油更适宜作为工业原材料使用，在直接与皮肤接触的芳香行业中，仍然严格地坚持使用奥图精油。如果是自己在日常生活中尝试玫瑰净油，一定要选择质量有保证的大厂出品。

　　主要种植大马士革玫瑰的保加利亚，以奥图精油为主。而以百叶玫瑰为主的格拉斯和摩洛哥，则以玫瑰净油为主——当地也有部分种植大马士革玫瑰，仍然采用蒸馏法。

　　由于玫瑰品种和萃取方式的不同，两种玫瑰精油呈现出不同的面貌。奥图精油清澈透明，味道已经与玫瑰花大相径庭了，打开瓶盖，扑面而来的气息，我觉得只能用"强劲"

来形容。这种精油应用历史极为悠久，并且不良反应极少，在芳疗领域的主角位置不容动摇。

而玫瑰净油保留了更多的花香，令消费者疑虑的化学溶剂残留问题，在生产环节中也相当容易解决，受到香水业的大力欢迎。

到了近几十年，一种更为高效的超临界二氧化碳萃取法开始出现。它的工艺前提是处于临界压力和临界温度之上的流体，具有特异的溶解能力，从而使得芳香物质的分离更为高效和纯净。根据所使用原材料的不同，临界压力和临界温度也有不同的标准。比如，使用玫瑰新鲜花瓣时，温度为35℃，压力则需要保持为20MPa（兆帕，压强单位）。正是这种严苛的工艺要求，使得这种萃取法虽然高效优质，但成本过高——至少在目前，产量的提升仍无法抵消成本的上升，所以，还处于小规模应用阶段。其他的新技术、新工艺也在不断出现，但都还无法取代蒸馏法和有机溶剂萃取法这两种主流生产方式。

　　Attar、Otto、玫瑰精油，不管怎么称呼它，这价比黄金的神奇液体，是人类以自己的聪明才智，从大自然那里成功索取来的珍贵礼物。从一朵朵采摘，到一朵朵挑选，得之不易所以令人倍加珍惜。

"姓名本来是没有意义的，我们叫
作玫瑰的这一种花，要是换了个名字，
它的香味还是同样芬芳。"

——莎士比亚

第二篇

玫瑰掩映
欧洲史

Part 4

玫瑰从何而来

5000 万年前，古老的蔷薇属植物开始在北温带出现。

3000 万年前，发源于亚洲中北部区域的古老蔷薇属植物，跟随游牧部落的脚步，从小亚细亚半岛传入欧洲。

3000 多年来，这种植物以玫瑰为名，在欧洲的壁画上、古代文献里、传说中……留下无数美丽的身影。

而以现代人的角度来探讨欧洲古典玫瑰这个群体，起始点则是公元 13 世纪，标志性事件是法国玫瑰和大马士革玫瑰被远征的十字军从中东带回，开始在欧洲广泛种植。

　　《玫瑰亭中的圣母》（*Madonna of the Rose Bower*），
德国版画家、油画家马丁·松高尔（Martin Schongauer）最
著名的作品之一，创作于 1473 年。圣母怀抱圣婴，坐在玫瑰亭
中，背后是盛开的红玫瑰与白玫瑰，白玫瑰象征着她的纯洁，而
红玫瑰代表着耶稣为世人所流的血。红玫瑰的枝叶和花朵都描绘
得很精细，与法国玫瑰特征极为相似。

野玫瑰盛开
3000 万年

单薄、娇弱，荒原里自生自灭的野玫瑰，长相并不出众，甚至与我们印象中的玫瑰相去甚远，但是看到它的第一眼，你就会被吸引，因为它是玫瑰。

第一朵真正的玫瑰何时诞生？

借助一块在辽宁出土的古蔷薇叶化石，我们能够真切地感受到 5000 万年前的时光。作为一类比较原始的被子开花植物，它很早就出现在地球上。年代稍晚的化石在北美也有发现，加拿大 BC 省出土的斯密尔卡米古蔷薇化石，年代被判定在 4500 万年左右。

北温带大陆被认为是玫瑰最古老的故乡，亚洲和北美洲是它的重要起源地。后来，这种美丽的植物被古老的游牧民族携带着，传往世界各地，与亚洲紧密相连、夏季气候更为温凉舒爽的欧洲，成为玫瑰命中注定的去处。

目前看来，最有可能性的推测是，在土耳其海峡尚未完全将欧洲和亚洲分开时，玫瑰赶着"移民"到了欧洲。这片欧亚相邻的区域，在未来漫长的历史中，将成为欧洲古典玫瑰的起源中心。由于独特的气候区，这里的玫瑰走上了一条独特的进化之路，形成了区别于主流的东方大陆玫瑰族群的另一组品种：欧洲／地中海族群。

冬季温暖湿润，夏季干燥少雨，这是地中海气候最显著的特点。这种气候让人类感觉舒适，但对植物来说，却是一种挑战。在全球大部分气候区，降水和高温都是同期而至的，植物既能够吸取足够的光热，又能够得到充足的水分；而地中海区域却属于"雨热不同期"，这就迫使在此落户的玫瑰，走上了一条不寻常的进化之路。

在北温带区域，蔷薇属植物在春季开花后，在夏季随即进入生长旺季，积蓄足够的能量，在秋季来临时就能够再度

　　柔美、娇小（和今天的切花月季相较）和芬芳，这是人们对古典玫瑰的主要印象。它有一种令人难以忘怀的美，时至今日，仍然有大批爱好者孜孜不倦地寻找古老玫瑰品种，将它们种植在自己的花园中。

开花。而起源于中国的古老月季，更是因为环境的造就，进化出了持续开花的能力。

但在地中海区域，情形完全不同。由于夏季雨水少，早春又比较寒冷，所以气温上升到足够程度的 5 月就成了玫瑰最适宜的花期。盛花过后，整个夏季它们都得专心于抵御干热，直到秋季才能重新开始生长，其间分不出多余的能量来再次开花。

所以，每当这一年中唯一的花期来临，在地中海区域生长的玫瑰，得想尽办法吸引昆虫来帮助授粉，从而完成传宗接代的大事。单是花朵色彩鲜艳还不够，最好还能够远远地散发甜香气息，将远处的蜜蜂蝴蝶也尽数吸引过来。

正是自然给予的压力，催生了这令人类痴迷的玫瑰之香啊。

玫瑰芬芳，
氤氲人类文明史

> 随意翻开一页欧洲历史，都能够发现
> 玫瑰的身影，它几乎涉及了所有人类活动
> 的领域，默默地盛开着，见证着。

凡走过，必留下痕迹。虽然人类并没有积极参与玫瑰的自然进化，但玫瑰却在人类的历史上，特别是欧洲史上留下了诸多芬芳的足迹。

生活在公元前 5 世纪的希罗多德（Herodotus，古希腊历史学家），在他的历史书中写道："来自马其顿其他地区的兄弟们，占据了戈迪亚斯之子米达斯的花园附近的住处。

在那里生长着野生的玫瑰，每朵都有 60 瓣，香味远胜过其他的花。"

米达斯是希腊神话里的弗里吉亚国王，以豪富著称。他就是那个著名的"国王长了驴耳朵"里的国王，据说是因为他被邀请担当音乐比赛的裁判，判决令阿波罗不满，于是把他的耳朵变成了驴耳朵。

希罗多德对于玫瑰的记载，算是史书上的闲笔。而到了公元前 4 世纪，泰奥弗拉斯托斯（Theophrastu，古希腊哲学家、科学家）已经展开了对于玫瑰的正式研究。他根据自己的观察，详细地将玫瑰分为不同的花色和形态，除了区分单瓣花和重瓣花，他还提到当时的希腊居民，已经开始盆栽蔷薇用于观赏。

到了生活在公元 1 世纪的老普林尼那里，玫瑰已经够资格占据《自然史》的大幅篇章了。他还特别提到了一种"有一百层花瓣的玫瑰"，但这和现在的百叶玫瑰确实不是一回事。

至于克娄巴女王和罗马帝国的尼禄大帝多么酷爱玫瑰这种风流花絮，更是每本玫瑰史都不会遗漏的细节。前者作为

鼎鼎有名的埃及艳后，与玫瑰扯上关系理所当然；而尼禄通常被描述为暴君，对于玫瑰的热爱确实令人惊叹：一则，玫瑰在当时被认为是崇高道德的代表，在奖赏功臣时经常使用；二则，作为一位喜爱奢华、颇具审美的君主，有什么比玫瑰更能点缀他的日常呢。

在这漫长的历史中，玫瑰缓慢地自我进化着，等待着辉煌时代的到来。

十字军东征，
也是玫瑰的东征

伴随着一场规模空前的征战，玫瑰，这芳芳而优雅的花朵，在欧洲的传播有了突飞猛进的发展。真实的历史，就是这样让人感慨。

在所有的欧洲古典玫瑰中，最早形成的是法国玫瑰，它也被认为是今天这几种精油玫瑰的祖先。现代实验室里的DNA研究证明了这一点。即使将玫瑰的定义范围扩大到包括诸多的观赏品种在内，法国玫瑰也是唯一能与来自中国的古老月季平分秋色的大明星。

法国玫瑰凭借其超强的繁殖能力，与其他野玫瑰频繁交流，如此，才有大马士革玫瑰、白玫瑰等的诞生。虽然这几种玫瑰在欧洲开始普遍种植的时间差不多，但在历史长河中，它们的出现肯定是有明显的先后顺序的。

法国玫瑰至少在公元前后就已经出现，老普林尼在《自然史》中提到的普雷尼斯特玫瑰（The Rose of Praeneste），经过后代的博物学者仔细比对，被认为就是今天的法国玫瑰。位于亚平宁山脉坡地的普雷尼斯特是具有悠久历史的古城，也是当时著名的避暑胜地。

终于，更大的机遇来了。

11世纪末期，天主教会发起了十字军东征。积极参与这场宗教性军事运动的领主们，无比憧憬东方的财富，无论战胜还是战败，他们归来的时候，都会携带回诸多的异国风物，玫瑰就在其中。

最广泛流传的说法是，帝博四世（Thibault Ⅳ），当时的香槟地区领主和纳瓦拉国王，在1250年左右结束征程返回领地时，将法国玫瑰带回了自己位于普罗万（Provins）的城堡，法国玫瑰以此为中心蔓延开来。所以，法国玫瑰也被称为普罗万玫瑰。

也有说法提及，他带回的是大马士革玫瑰，但考虑到普罗万玫瑰的称呼，显然上一个说法更可信。这位国王同时带回的，还有最早的霞多丽葡萄，在香槟地区的酿酒史乃至整个世界的葡萄酒史上，他都是不会被遗漏的人物。

大马士革玫瑰从中东传到欧洲，更多人将之归功于罗伯特·德布里（Robert de Brie），一名法国十字军，他从叙利亚大马士革带回了这种玫瑰，并以此为其命名。

在玫瑰之前，大马士革最有名的是锻钢和锦缎，"damask"这个词直译是锦缎的意思，就像"china"代表着瓷器一样。不过，现在只要有人跟我谈起大马士革，我本能地就要在后面补充上玫瑰两个字。

相较于上面两种红玫瑰，白玫瑰的流传则无法找到一个清晰的时间点，但大概的时间段也相差不远。总之，到15世纪的时候，这几种玫瑰已经是医生、艺术家与诗人不可或缺的伙伴了。

再其后，大航海时代后期，荷兰崛起，在农业科技上发展迅速的他们培育出百叶玫瑰，欧洲古典玫瑰的几大巨头，就算统统出场了。

Part *5*

欧洲玫瑰四杰

这是几个大名鼎鼎的名字：法国玫瑰、白玫瑰、大马士革玫瑰和百叶玫瑰。特别是占据了玫瑰精油绝大部分市场的后面两种，毫不夸张地说，几乎能全权代表玫瑰。

法国玫瑰，
玫瑰之祖？

现代实验的分析表明，几种最重要的
精油玫瑰，都有法国玫瑰的血统。

中国人对"宗"的解释是"别子为祖，继别为宗"。通
俗地说，就是一家有几个儿子，除了继承本家的嫡长子，剩
下的儿子（别子）都需要独立门户，建立新的宗系。按这个
标准，说法国玫瑰是玫瑰之祖，还真不算多夸张。

法国玫瑰是最常见的中文翻译，也有直接意译为高卢玫
瑰的——如果严格遵照本义，"Rosa gallica"确实应该翻

译为高卢玫瑰。很明显，"gallica"源自"Gallia"，这是罗马人对高卢地区的称呼。公元6世纪中期，法兰克人攻陷此地，建立王国，延绵而成现在的法国。所以，在通常意义上来说，高卢可以当成法国的古称。

也许翻译成法国玫瑰更贴近现代人的口味。不过无论用哪个词，都无损于它笑傲玫瑰史的崇高地位。

在逐步了解玫瑰的过程中，读资料的我经常脑补出一些有趣的画面。在这样的想象中，大马士革玫瑰见了法国玫瑰，纳头就拜，口称："父王在上，请受儿臣一拜。"白玫瑰紧随其后，至于百叶玫瑰，估计得称呼一声"太爷爷在上"了。

现代植物学分析已经证实，大马士革玫瑰是个自然成就的"混血儿"，它的美色源于法国玫瑰，而香气则主要来源于麝香玫瑰（Rosa moschata），腺果蔷薇亦有贡献。而白玫瑰（美国FDA标准中批准使用的四种精油玫瑰之一），则是大马士革玫瑰和犬蔷薇的后代。

在竞争激烈的植物界，法国玫瑰之所以能将自己的基因广为传播，得益于它有一项旁人远不能及的特质：容易配对。植物杂交中存在着生殖隔离的现象，来自异种的花粉无法成

原始品种的法国玫瑰，单瓣，粉色花瓣，金黄色的花蕊。这姿容虽然看起来有点不起眼，但却是玫瑰在荒野上所能进化出来的最耀眼的样子。

功让雌蕊受精，这种现象被称为远缘杂交不亲和。而法国玫瑰天生的"情圣"特质，让它在基因传播的过程中屡屡胜出。

正是凭借这个特长，在没有人为干预的前提下，法国玫瑰也能迅速地从原始种发展起来，从朴实的单瓣，变成艳丽的重瓣，有的花瓣上还出现了异色直纹。凭借这样的颜值，它获得了祖先们的垂青，在中世纪时就已经广泛种植，并应用于各个领域，从生活到医药。

中世纪药典中屡次提到的药剂师玫瑰，便是最早出现的法国玫瑰的著名变种之一，学名为 Rosa gallica 'officinalis'。"officinalis" 这个词，指的是修道院里储存草药的库房，可见这种玫瑰的药用属性多么深入人心。

近乎红的深粉色、半重瓣、清新的香气，让当时的人们对它充满了信心——这肯定是具有神奇能量的花朵！于是，这种玫瑰被用来治疗从腹泻到咳嗽的大量病症，在修道院的苗圃广泛种植。要知道，在欧洲的中世纪，修道院可不仅仅是宗教场所，更是文化、科技的中心，而由教会设立的医院就在它的隔壁。这样的苗圃，主要的功能是提供药材而非观赏。

虽然药剂师玫瑰今天被证实并没有那么神奇，但比起放血、灌肠等令人胆寒的中世纪暗黑疗法，草药可以说是一股清流了。喝下由玫瑰、鼠尾、茴香等混合成的汁液算得了什么？

与药剂师玫瑰同样名声在外的，是在现代美妆产品中经常出现的朝雾玫瑰（Rosa mundi）。这个名字源于 Rosamond Clifford，她是金雀花王朝建立者亨利二世晚年最最宠爱的情妇。国王深深迷恋她的美貌，为了防止有人觊觊，为她建造了一座迷宫般的城堡，并遍植带刺的玫瑰。这孤单的女孩，在玫瑰的陪伴下日复一日地等待着国王偶然的宠幸，但王后仍然派人毒死了她，死时她才 26 岁。这位人生极尽传奇、艳情、悬疑与悲伤的女子，成为很多绘画的主角，也被用来命名一种红白条纹相间的法国玫瑰。

18 世纪，随着全球物种的大交流，玫瑰育种热潮在欧洲兴起。法国玫瑰这位"情圣"更是大显身手，不断地与来自世界各地的新面孔相恋，成就了一个又一个新品种的诞生，横跨古典与现代玫瑰领域。2018 年去世的玫瑰育种巨匠大卫·奥斯汀，其玫瑰园中最重要的一个亲本就是 Rosa gallica 'Belle Isis'，一个被译为美女伊西斯的法国玫瑰品种，诸多脍炙人口的现代品种便由此而来。

约翰·威廉姆·沃特豪斯 (John William Waterhouse)，19 世纪的唯美主义大师，用画笔描绘了金雀花王朝一段悬疑与凄美交织的爱情故事。窗前的女子是 Rosamond Clifford，终日陪伴她的，只有窗前的玫瑰。

回到我最钟爱的欧洲古典玫瑰领域吧。在法国玫瑰被种植了近千年之后，百叶玫瑰在荷兰以多次交配的方式得以培育出来，数量丰富的花瓣为它赢得了"百叶"的美称。为了达到这个高峰，法国玫瑰、麝香玫瑰、白玫瑰、大马士革玫瑰等玫瑰界的重磅角色统统都被动员起来了，也让这位精油玫瑰的后起之秀，拥有了色、形、香各方面的完美表现。

根据欧盟的标准，只有三种玫瑰可供药用，分别是法国玫瑰、大马士革玫瑰和百叶玫瑰。而美国 FDA（美国食品药品管理局）所划定的精油玫瑰名单，则在这三者的基础上，又增加了白玫瑰——不是法国玫瑰，就是它的后代。

所以，你看法国玫瑰实现了什么？它是当之无愧的"精油玫瑰大满贯"获得者呀！

大马士革玫瑰，
精油玫瑰的 No.1

> 从某种意义上来说，大马士革玫瑰，
> 就是精油玫瑰的代名词。

在某种程度上，大马士革玫瑰几乎就是精油玫瑰的代名词。它值得这份肯定，作为精油玫瑰的 No.1，它以远胜同侪的出油率和丰腴饱满的甜香，在芳香产业中稳居独一无二的地位。

或者可以这么推测，如果没有大马士革玫瑰，也许人类对于玫瑰花水、精油的发现要推迟很多年。

这个推测来自于我第一次踏入大马士革玫瑰园时的亲身感受。

站在盛开的花田边上，最大的感官刺激并不来自于视觉，而是嗅觉，甜香似乎占领了天地间，从每一处毛孔渗透进来，站久了，便会从微醺到迷醉。

处于物质极大丰富时代的现代人，尚且不能抵挡这种诱惑；千余年前的古人，又如何能够不对它产生浓厚的兴趣？

另一个关键，在于大马士革玫瑰高达万分之四的出油率，即使是使用相当原始的蒸馏工艺，也能够成功制取花水。在见识到精油的神奇之前，花水已足够令人惊叹，几滴液体就能够散发整日的芬芳，令贵族们趋之若鹜。简单的经济学逻辑是，需求推动供给，所以玫瑰才会成为最早被用于蒸馏的芳香植物之一。

到了19世纪后半叶，芳香工业进入一个高速发展期，借助先进的分析技术和仪器，人们对于玫瑰香气的认识，不再局限于感性范畴。香茅醇、玫瑰醚、玫瑰呋喃……诸多各具特色的成分被一一提取出来，它们或散发花香，或具有焦糖气息，或贡献柑橘香及香草香，相互作用又会催生奇妙的变化，共同组成了玫瑰优雅又迷人的香调。

　　最令人感兴趣的，当然是大马士革玫瑰那梦幻般的甜香，但即使分析了上百种成分，也无法完全挖掘其中的奥妙。直到 1967 年，答案才真正揭晓，著名香料化学家 G.Ohloff 和同伴第一次捕捉到了大马士革玫瑰的关键成分——他们在产自保加利亚的高品质玫瑰精油中，提取出了 β - 大马士革酮，由花瓣中的类胡萝卜素降解而来，它在精油中含量极低，却具有不可替代的关键作用，能够令甜香氤氲悠长不散。

白玫瑰的
诞生

人类总是向往着圣洁无染的境界，白玫瑰在某种程度上满足了这一想象，所以它在很长时间内，都被当成是圣母玛利亚的象征。

在我们这样一本探讨玫瑰的书中，白玫瑰并非泛指白色玫瑰，而是指拉丁学名为 Rose × alba 的特定品种。

和大马士革玫瑰一样，白玫瑰也是一个拥有独立拉丁学名的杂交品种。名字虽然在公元前的诸多史料中就已经出现，但古籍中的白玫瑰，与现今精油玫瑰中所指的白玫瑰，也未必是一回事。

在英国历史上，有一场著名的玫瑰战争：以白玫瑰为家徽的约克家族（House of York）和以红玫瑰为家徽的兰开斯特家族（House of Lancaster）展开的系列王位争夺战。许多人对于白玫瑰的了解便源于此。

当英伦大陆上的玫瑰战争快要告一段落的时候，文艺复兴时代的著名画家波提切利在佛罗伦萨完成了他最著名的作品之一——《维纳斯的诞生》，漫天飞舞的白玫瑰，代表着对这位美之女神的祝福。

如果你看过这幅名画——我敢打赌你一定见过——也许还记得那些玫瑰是淡粉的，但从种类归属上，它们是确凿无疑的白玫瑰。自然学者们已然考证出了其具体品种是"少女的腮红"（Maiden's Blush），而这种重瓣、淡粉的白玫瑰，也获得了一个新的别称：波提切利玫瑰。

为何白玫瑰会开出粉色花朵？这就要从它的血统上找原因了。

至今，人们也不是非常清楚白玫瑰诞生的过程，唯一能确定的是，它是法国玫瑰与狗玫瑰的后代；但继续深入地分析，则发现它的法国玫瑰血统并非直接继承，而是转了个弯，

来自于大马士革玫瑰。

在漫长的、没有人类参与的玫瑰进化史上，细节已无法追究。但作为法国玫瑰的后代，白玫瑰还是坚强地保留了祖先的些许特征：即使是全白的品种，初结的花苞也并不是白色的，而是明显的粉色；当它慢慢绽开时，粉色会渐渐褪去，一朵洁白无瑕的白玫瑰就盛开了。

同样，在老普林尼的《自然史》中也记录了白玫瑰，他将之称为坎帕尼亚玫瑰（The Rose of Campania）。坎帕尼亚曾经是古希腊的一部分，后来被罗马帝国统治。老普林尼生活的年代，古罗马贵族正陷于对玫瑰的狂热痴迷中，每年都要从埃及和摩洛哥进口大批的鲜花，本土的种植面积也不断增加，甚至导致了农业的衰落，因为最好的地块都用来种植玫瑰了。

而罗马帝国的扩张，也在某种程度上成就了玫瑰。至少，白玫瑰就是这样被带入英国的。在罗马统治英格兰的几百年间，白玫瑰广为种植。较之其他的古老玫瑰，白玫瑰的优点是更为耐寒和抗阴，即使在恶劣的环境中，也能长成壮观的灌木丛，成为修道院和城堡最爱的绿篱植物之一。在寒冷的北欧，它同样如鱼得水，成为少数能够在那里蔓延开来的玫瑰品种。

一个有趣的冷知识是，虽然叫白玫瑰，但它并不是所有的品种都开白色花。在不断的培育过程中，淡粉、深粉和杏色的品种都出现了。较之法国玫瑰的艳粉，或百叶玫瑰的娇粉，白玫瑰的粉是极之少女心的浪漫感——我想，这可能就是波提切利使用这种玫瑰的原因，自海面泡沫中诞生的维纳斯，有着无可比拟的纯真。

当然，要是邪恶些，也可以从另一个角度来歪解。欧洲的古老神话有时候污得让人无法直视。维纳斯为何踏浪而来？因为众神之王乌拉诺斯的小丁丁被切断后，扔进了大海中，溅起泡沫，诞生了爱与美的女神维纳斯。也许是因为这样的考量，画家才将白玫瑰描绘成淡粉色？

从画面的右侧观察，白玫瑰的品种特征更为明显。身着绣满蓝色矢车菊长裙的是春之女神，而她的胸前，缠绕着的是玫瑰藤蔓。可以清楚地看到花朵的中心，有着金黄色的花蕊，而这正是白玫瑰显著的特征之一——从约克家族的白玫瑰家徽，也能很明确地发现这一点。

在不断有新的玫瑰被培育出来的今天，白玫瑰的美仍然是独树一帜的，许多历史悠久的品种至今仍在花园里种植。而在芳疗领域，作为美国 FDA 许可的四种精油玫瑰之一，白玫瑰精油因为稀少（出油率只有大马士革玫瑰的一半），价格也更为昂贵。

　　在众多宗教题材的画作中，波提切利这幅取材自古神话的作品开启了文艺复兴的新阶段。维纳斯踏浪而生，春神正在为她披上华服，风神吹起漫天白玫瑰。这是文艺复兴时期最著名的画作之一，也正是因为这幅《维纳斯的诞生》，白玫瑰拥有了"波提切利玫瑰"的美称。

荷兰人不仅贡献了橙色胡萝卜，还有百叶玫瑰

> 谢天谢地，通过不懈的努力，以百叶玫瑰为证，人类对于精油玫瑰的形成，总算是略有贡献。

在精油玫瑰的几大巨头中，百叶玫瑰诞生得最晚，而且和其他自然杂交形成的品种不同，它被认为是人工培育的杰作，功劳属于荷兰人。

百叶玫瑰具体育出的时间已无法考证，只能确定不迟于17世纪初。但关于它的讨论，在16世纪末就已经出现了。John Gerard，英国著名的植物学家和花园主人，在1597

年出版的著作 *Herball* 中将百叶玫瑰称为"非凡的荷兰玫瑰"（The Great Holland Rose）。这种圆润、重瓣、花形娇俏的玫瑰，带给世人前所未有的视觉冲击。由于形状就像一棵迷你的卷心菜，所以，它通常被称为卷心菜玫瑰（Cabbage Rose）。

为什么是荷兰？要论对玫瑰的爱，荷兰人无论如何也比不上法国人或者英国人呀。

这已经不仅仅是园艺问题了，一朵小小的百叶玫瑰，映射的是政治与经济的大历史。

15世纪，大航海时代来临，具有海运优势的欧洲国家获得了空前的机遇。16世纪末，荷兰从西班牙独立出来，迅速发展成航海和贸易强国，这段时间在历史上被称为荷兰的"黄金时代"。

经济的腾飞带动社会各方面的发展，古今皆然。荷兰的农业也迎来了发展良机，然而，最大的掣肘是土地！荷兰是个填海而成的低地国家，耕地十分珍贵，如何在有限的面积里获得最大收益？很自然地，荷兰人想到了发展高端农业这条路——这个路线到今天也没有变动过，在花卉种植、蔬菜

育种等方面，荷兰仍然位于全球第一梯队。

最先被挑中的是郁金香，这种花色艳丽的球根植物，让荷兰人如痴如醉。发展到最后，居然因它而催生了世界经济史上第一起投机狂潮——"疯狂郁金香事件"。对于一个特殊品种郁金香的炒作达到了令人震惊的高潮，然后泡沫崩裂，无数人倾家荡产。

扬·梵·海以森（Jan van Huysum），用他那被誉为"18世纪花卉画家之翘楚"的画笔，为我们记录下了这段美丽又疯狂的历史。在占据他创作主要部分的静物花卉组合中，荷兰人培育出的百叶玫瑰与引发郁金香狂潮的"永远的奥古斯都"，是绝不会缺席的主要角色。

在郁金香盛开的同时，玫瑰的育种也取得了可喜的进展。新培育出的百叶玫瑰，迅速以其娇弱慵懒而不失高贵的美征服了整个欧洲。那个年代一批顶尖自然学者的往来书信，屡屡提到它；在法国南部的普罗旺斯——香草植物最适宜的生存地，百叶玫瑰被广泛种植，所以它也被叫作普罗旺斯玫瑰。

当然，由于老普林尼在《自然史》中的描绘，有关百叶玫瑰是自然杂交而成的说法一直存在，但我个人还是赞成把这个荣耀归于荷兰人。

首先是缺少野生品种的发现，不同于法国玫瑰或大马士革玫瑰，这两者都能找到处于原始状态的品种。其次是百叶玫瑰的形态，很难在野外生存。从植物的本能来说，有限的营养首先要满足繁殖后代的需求，越多的花瓣就意味着越多的营养被消耗，留给果实的部分就少了。只有在营养始终充足的前提下，才会诱发雄蕊瓣化（即原本的雄蕊发育成花瓣，形成重瓣花）现象，而且这种瓣化是非常粗糙的，能够看出明显的痕迹。像百叶玫瑰这种完美的重瓣……即使以自然的奇迹来形容，也很难让人信服。

还有其他的次要证据：法国玫瑰也有自然进化而来的重瓣花，但它在盛开的时候，花瓣完全张开，露出花蕊，以便

现代的园艺爱好者们对扬·梵·海以森简直是感激涕零，在没有照片更没有视频的年代里，他用一支画笔，将当年风行于欧洲的花卉惟妙惟肖地记录下来。时隔三百多年，我们依然能清晰地看到，当年的郁金香、百叶玫瑰、康乃馨以及来自东方的蜀葵，究竟是何样貌。

昆虫传粉；百叶玫瑰则反其道而行之，它的重重花瓣向内包裹，这就额外增加了蜜蜂和蝴蝶的工作难度，从植物进化的逻辑来说，这是不合理的。

所以，就让百叶玫瑰和橙色胡萝卜以及丰富多彩的郁金香一样，都记在荷兰人的功劳簿上吧。

从 16 世纪到 21 世纪，百叶玫瑰在世人心中的位置也在悄然变化中：诞生时，它是备受追捧的花园玫瑰，柔软的枝条上，盛开着让人心生怜爱的娇弱花朵；而现在，它最重要的用途是提炼精油。作为唯一能在种植面积和产量上与大马士革玫瑰相提并论的品种，百叶玫瑰被归为"清香"型，这主要是因为它含有较多的芳樟醇，所以气味清新柔和；而大马士革玫瑰以甜香著称。正如环肥燕瘦，各有所好。

今天，提到百叶玫瑰，必然会提到的种植地是格拉斯、摩洛哥，而以埃及为主的北非种植地也在逐渐增加。这个排位比较有意思，要论种植面积，格拉斯实在排不到首位，它更像一面旗帜；摩洛哥则是传统的主要产量贡献者，每年向法国出口大量玫瑰浸膏和净油。

最后一个问题：在中国，哪里能看到成片的百叶玫瑰？

答案是陕西渭南，这里是中国最早一批引种精油玫瑰的区域，并且极其难得地获得了成功。当地现在虽然以大马士革玫瑰为主要品种，但也有小规模的百叶玫瑰种植基地，赶在花期前去，一定不会失望。

Part *6*

玫瑰家族的
另一些女孩

哥伦比亚电影公司曾经拍过一部英国王室题材的电影——《另一个波琳家的女孩》，讲述的是亨利八世（对，就是都铎王朝的第二任国王）和两名波琳家族女孩间的故事。这个故事和玫瑰本身并没有什么联系，我只是因为它的情节设置，想到了同属欧洲古典玫瑰的那些品种：狗玫瑰、麝香玫瑰、香叶玫瑰……

　　这些玫瑰各具芬芳，长久以来却只能默默地盛开在荒野里，偶尔一露芳容。而在杂交茶香月季独领风骚的现代玫瑰时代，它们更是被挤到了边缘位置。

　　在本节，我们就来聊聊这些"老玫瑰"吧。

英伦野玫瑰，
麝香玫瑰最甜美

因为《仲夏夜之梦》，我对 Eglantine
这种玫瑰产生了极大的好奇，究竟是怎样
的甜美与烂漫，能令莎翁用它来为仙后建
造居所？

气味香甜的麝香玫瑰、花朵秀丽且叶片散发着苹果香味
的香叶玫瑰，以及"芳馥四溢"的狗玫瑰，就是在英国种植
最为普及、历史也最为悠久的三大本土野玫瑰品种。它们不
仅在英式乡舍花园中盛放，其身影更是在整个中世纪的艺术
文化领域处处可见。

其中，尤以麝香玫瑰最为著名，因为大马士革玫瑰非凡

的芬芳，便是自它这里继承而得。

一听到"麝香玫瑰"这个中文名字，很多人会对它有所误会，因为在中文语境中，麝香与玫瑰之香，相去甚远。

麝香究竟是一种怎样的香味？麝香取自雄性麝鹿特殊的身体部位，引人遐思，所以在"沉檀龙麝"这古代四大名香中，唯有麝香总是出现在那些香艳的场景中——"蜡照半笼金翡翠，麝熏微度绣芙蓉"，带着东方文化少有的浓烈。而在欧洲香水工业的定义中，它则被描述成"温暖、甜美、充满欲望"。

然而，麝香昂贵难得，所以一直以来，人们都在寻找更为易得的替代物，麝香玫瑰便在此时挺身而出。在诸多以清新淡雅见长的芳香植物中，它独具一种悠长而香甜的气息，毫不意外地中选，被命名为"Musk Rose"（"Musk"意为麝香，学名中的"moschata"亦是由这个词根衍生而来）。

有趣的是，对于这种香气的追捧，并非仅发生在玫瑰花田中，它同时发生在葡萄庄园中。大名鼎鼎的麝香葡萄（Muscat）就是另一位杰出代表，这是最古老的酿酒葡萄种类，花香与果香交织，明显的甜美气息是它的主要特征。"Muscat"是法语转译而形成的单词。而当这种葡萄作为鲜食品种时，可能是考虑到"麝香"作为一种动物香料会影响食欲，索性又直取本义，将之称为"玫瑰香葡萄"。

著名的英国诗人济慈在《致赠我玫瑰的朋友》中这样写道："我看见最甜美的花在旷野盛放／那是夏日新开的麝香玫瑰。"可见，这是一种以香气取胜的玫瑰，以至于诗人要用"甜美"来形容玫瑰的样貌。

虽然由于精油含量比较低，麝香玫瑰并未成为商业上广泛应用的芳香玫瑰，但习性强健的它无论作为花园玫瑰，或者是作为仅次于狗玫瑰的玫瑰果实来源，都是大受欢迎的。

香叶玫瑰，
盛开在仙后的居处

在争奇斗艳的玫瑰世界里，香叶玫瑰并不是亮眼的存在，它属于典型的"第二眼美人"。只有亲自种植一株，朝夕相处，你才会被它的魅力深深吸引。

学名 Rosa rubiginosa 的这种玫瑰，在科普文中通常被称为锈红蔷薇，但由于和文豪莎士比亚的缘分，在非科普领域，它通常被翻译为香叶玫瑰。

这是一种攀爬能力很强的藤本玫瑰，茎干上密布尖刺，春夏之交时，开极为稚雅可爱的粉色五瓣花。花蕊周边还会形成一圈白晕，粉、白与金黄花蕊的对比，流露出的野性柔美，是诸多现代培育的花园玫瑰品种难以企及的。

香叶玫瑰除了花朵可爱，还有两项特长。一是花香叶也香，将它的叶子揉碎，便能闻到清新的果香气，这便是它之所以得名香叶的原因。二是它所结出的玫瑰果，也是用来萃取玫瑰果油的三种原料之一——虽然较另两种（麝香玫瑰和狗玫瑰）用量少得多，但效果同样出色；当然，也可以用来制作花草茶。这两项特质都非常实用，所以香叶玫瑰深受传统花园种植者的喜爱。作为花园的绿篱，既能够在花开时令整个花园都弥漫着芬芳，又能够在秋冬季收获大量的玫瑰果，这是自然赐予的上好食材。

香叶玫瑰、麝香玫瑰、狗玫瑰……这些野性十足的玫瑰，再加上大马士革玫瑰和百叶玫瑰，共同组成了遍布英伦三岛的、优雅而芬芳的玫瑰之境，而这样的玫瑰之境究竟有多美，甚至不需要亲临现场，通过莎士比亚的名作，便可感受一二。

"我知道一处茴香盛开的水滩，长满着樱草和盈盈的紫罗丝，馥郁的金银花，芳泽的野蔷薇，漫天张起了一幅芬芳的锦帷。"

这是朱生豪先生所译的《仲夏夜之梦》中的一段文字。严复说"译者三难，信、雅、达"，如莎翁这样的文学巨匠，要将他具有特定时代和文化背景的作品，转译成中文就更是难上加难了。别的不说，单是这段文字里提到的诸多植物，河岸上开放的是"Thyme"——百里香，花朵既有"Sweet Muskroses"——麝香玫瑰，又有"Eglantine"——香叶玫瑰，要是单按字面意思直译，那诗意就会大打折扣。

朱先生的文字让我毫不犹豫地相信，剧作家当年为仙后所建造的憩息之处，就是这样一个魔幻、绮丽、盛开着野玫瑰的花园。

略微对植物有点脸盲症，就很难区分这些甜美的小花究竟都是什么品种。但是，在辨识香叶玫瑰的时候，我们可以动用另一个器官——鼻子。被称为"Sweet Briar"的香叶玫瑰，最大的特点就是从花到叶都散发着甜香。

狗玫瑰，
汪汪！

一个听起来相当萌趣的名字，对应的
其实是一个古老而优雅的玫瑰品种。

狗玫瑰（Dog Rose），学名是 Rosa canina，作为在
欧洲普遍分布的野玫瑰代表品种，你可以从中世纪到现在的
各种诗歌、传说中看到它的身影：一丛开着淡粉色精致花朵
的带刺藤蔓；花落后，会结出成簇的、如瘦长橄榄状的果实，
在枝头招摇，直至深秋第一场霜冻来临。

几乎所有的朋友，在我介绍这种玫瑰时，第一个问题都

是：为什么要叫它狗玫瑰？

坦率地说，这个问题的答案比较多元。比较有代表性的说法有两种：一种是说希波克拉底（对，就是那个所有医学生都要念的希波克拉底誓言）曾用它的根作为草药，来治疗狗咬伤，由此得名；另一种说法则比较有情感倾向，由于它是单瓣小花，不太配得上玫瑰的美名，而民间习惯将这种充数的情况以"dog"来修饰，类似于中国人给姜蓉炒蛋取名"赛螃蟹"的情形。

不管哪一种，习惯成自然也就无所谓了。事实上，在用各种美好形容词修饰的玫瑰清单里，狗玫瑰的名字反而显得又醒目又讨喜呢！

至于说因为它的叶片有锯齿类似狗牙，或是说茎枝上生有牙齿般的细刺，所以被称为狗玫瑰的，我觉得缺乏深度说服力。

名字听起来有点搞怪的狗玫瑰，开着稚嫩可爱的粉白花朵，是英国野生花园里最常见的绿篱植物之一。在二战期间，英国政府发起"绿篱丰收"项目，主要采集的就是狗玫瑰的果实。

狗玫瑰，也可以略微隐蔽一些，称它为犬蔷薇。与其他玫瑰以花朵见长不同，狗玫瑰的主要贡献是果实。作为一种野玫瑰，它的活力相当强健，不论在怎样恶劣的环境中都能蓬勃生长，寿命甚至长到令人吃惊。在德国北部的大学城希尔德斯海姆（Hildesheim），城中大教堂边一丛历史悠久的狗玫瑰，传说由查理大帝之子在 815 年种植，成为赫赫有名的"千年玫瑰"。

它活力的另一个施展方向，是作为砧木来使用。通俗地理解，就是在长势健壮的狗玫瑰枝干上，嫁接其他品种的精油玫瑰。这样一来，将两者的优点合二为一，可以大大缩短玫瑰园的建设时间。

由于品种较为原始，现在所能见到的狗玫瑰，通常还是单瓣花，粉白或粉红的五片花瓣，高高顶在茂盛的灌木丛上，散发着它们的芬芳。这些花瓣，在传统的花草茶或甜点中也经常可以见到。

由于生命力顽强，狗玫瑰在欧洲和北美普遍分布。到了深秋时节，显眼的橙红色果实，非常容易被采集者注意到。它既是欧洲草药疗法里常见的药材，也是风味食谱的食材，甚至在一些神秘的巫药配方里也会出现，所以它还有个"女巫玫瑰"的别称——当然，不同地方的女巫也可能就地取材，在英国某些区域，香叶玫瑰也被称为女巫玫瑰。在现代美妆业中，狗玫瑰也是常见的药用植物，主要用于提取玫瑰籽油。

当质地轻盈的玫瑰籽油被涂抹在肌肤上，淡雅的木香气息幽然散开，仿佛狗玫瑰那强大的生命能量，也随之蔓延开来。

Part 7

上帝的玫瑰园，
在这里

打开一张世界地图，将玫瑰的优势产区圈出来。

以大马士革玫瑰的发源地伊朗为中心，向东是阿富汗；向东南再延伸至印度北部；向西越过阿拉伯半岛，是大力发展玫瑰种植业的埃及；向北的土耳其和再北一些的保加利亚，占据了玫瑰种植的半壁江山，然后，从这里渡过地中海，连上对岸的摩洛哥和法国东南部小城格拉斯。

这就是玫瑰的版图。

不是所有的大马士革玫瑰，
都能被称为卡赞勒克玫瑰

大自然将大马士革玫瑰送到我们手中，我们用怎样诚惶诚恐的方式来对待它都不为过，因为这是无法人工再现的奇迹。

人类的介入使得玫瑰的进化走上了两个极端，一个极尽多样化，一个力图不变。

以观赏为主的现代玫瑰，走的是多样化的道路。来自中国的古老月季与欧洲古典玫瑰通过长期杂交与反复回交，形成了一个庞大的族群，在我们的生活中举目可见。城市绿化带里高大气派的月季，庭园里繁花似锦的藤本玫瑰，花店里成束捆扎的切花玫瑰……虽然在生活中它们都被称为玫瑰，但血统已然复杂到就连专业研究者也要费一番心思才能搞清。

而与此截然相反的是，以萃取精油为用途的古典玫瑰，在经历漫长岁月后，面容无改，一如往昔。

许多朋友初次目睹大马士革玫瑰的真容时，会不无失望地说："它怎么长这样？"

和极尽娇艳的园艺玫瑰比起来，大马士革玫瑰确实有点逊色，花瓣温软而略显杂乱，千篇一律的粉色看久了也确实略显单调。

但不要苛责玫瑰，这是人类的责任。

保加利亚的卡赞勒克（Kazanlik），这片东西长百余公里、宽十余公里的狭长地带，就是举世闻名的"玫瑰谷"所在。这个国家有诸多区域适宜种植玫瑰，主产区除了这里，还有卡洛夫（Karlovo）、切潘（Tchirpan）、斯达拉（Stara）和诺瓦扎格拉（Nova Zagora），但以此地最为著名。

一家玫瑰园的主人不无骄傲地对我说："不是所有的大

马士革玫瑰，都能够被称为卡赞勒克玫瑰。"

在通常的描述里，玫瑰谷是以种植大马士革玫瑰著称的，但对当地人来说，保加利亚红玫瑰或者卡赞勒克玫瑰才是正确的称呼。当地从17世纪开始规模种植大马士革玫瑰，由于地理条件极其适宜，玫瑰不仅生长繁茂，还出现了各种变化，从单瓣到重瓣，最终，一种有30片花瓣的变形受到所有人的青睐，成为代表品种，被冠以卡赞勒克玫瑰（Kazanlik Rose）的名称。

从实验室里的分析来看，卡赞勒克玫瑰与原生的大马士革玫瑰在生物学特性上，已经出现了差异，保加利亚玫瑰的精油品质之所以领先世界，奥妙就隐藏在这些差异中。

为何玫瑰精油如此珍贵？因为它的构成成分相当复杂，各类醇、酯、醛、酮、醚……有300余种，并且还有可能不断发现新的微量成分，所以虽然化学工业已经发展到今日，但天然玫瑰的香气，还是无法完全靠人工制造——一切仍然得依靠自然的恩赐。

而玫瑰又是个调皮的小家伙，一旦品种出现变化，它所蕴含的成分也会随之变化。这些变化虽然从比例上看微乎其微，却会令精油的效用与香气出现明显差异。

所以，保加利亚的玫瑰种植，有着极其严格的传承方式——主要通过埋条进行无性繁殖，以保证每一株新的玫瑰，百分百传承母本的特征。再加上漫长种植过程中逐渐优化形成的采摘、生产流程，如此，才有今日全球公认的品质上佳且高度稳定的保加利亚玫瑰精油。

与此可以作为比照的是伊朗地区，这里是大马士革玫瑰的起源地，多态性极高，有的玫瑰甚至看起来都不像是玫瑰了。当然，相应的是，伊朗虽然也出产精油，却很难作为稳定的产业原材料供应地，倒是花水这种产品大受欢迎。

作为芳香从业者，我当然是举双手欢迎这种稳定品质的，玫瑰那不羁的灵魂能暂时安宁下来，让人们能更为得心应手地发挥它的神奇疗效，释放它的迷人香气。

正是基于这种产业的要求，20 世纪 90 年代初，人们制定了 ISO9842-1991 标准，严格地规定了保加利亚大马士革玫瑰精油的各项指标。十多年后，又新增了 ISO9842-2003 标准，将摩洛哥和土耳其的玫瑰精油也纳入其中。

为何要如此细致地定义玫瑰精油，就连产地都要限定？这是因为在不同的地理环境和气候中，玫瑰的形态和生物特征都会发生微妙的变化，由此导致所萃取的精油指标也各不相同。保加利亚、摩洛哥和土耳其作为长期种植单一品种精油玫瑰的产区，能够最大限度地保证玫瑰精油的均一稳定。

正是这系列标准的出台，给中国的玫瑰精油发展造成了重击。20 世纪 80 年代已经大量出口的苦水玫瑰精油，因为品种的差异，其检测结果与标准有明显差异，尽管这不代表着苦水玫瑰精油质量不佳，但最终的结果就是，我们被关在了国际市场的大门之外，至今仍未能恢复。原本有可能起飞的中国玫瑰产业，因此受阻，一路走来也是磕磕绊绊。

回到玫瑰谷，在晨雾氤氲中，看着整齐划一的粉色玫瑰渐次绽放，感慨美如仙境之余，也会升起另一种疑问：失去肆意生长和进化的机会，被人为地固定成了一种模样，这对玫瑰来说，是幸还是不幸？

　　作为大马士革玫瑰的原生地，在伊朗能找到很多大马士革玫瑰的变种。这种生物多样性虽然在自然科学领域很受欢迎，但在以萃取精油为主要目标的商业种植中，就会带来很多困扰。所以，在保加利亚、土耳其等国的主要产区，你基本看到的，都是同一个优势品种。

为什么一定
要去格拉斯？

《香水：一个谋杀犯的故事》，现象级的畅销小说，被改编成了同样精彩的电影。具有调香天赋的凶手，为什么一定要去格拉斯？因为这里是玫瑰的圣殿，香水的天堂。

五月玫瑰（Rose de Mai）之于法国格拉斯，犹如卡赞勒克玫瑰之于保加利亚玫瑰谷。两个玫瑰胜地，分别拥有属于自己的天眷之选。

所不同的是，卡赞勒克玫瑰主要依靠自然形成；而五月玫瑰，则有赖于人工培育。Gilbert Nabonnand，19 世纪法国著名的园艺师，玫瑰培育史上大名鼎鼎的人物，与他同名的茶香玫瑰，是任何品种目录里都不会缺少的经典款。

1860 年，定居于儒昂湾（Golfe-Juan）的 Gilbert Nabonnand 和他的两个儿子，开始建造苗圃，展开对各种新兴植物的育种研究，玫瑰当然是重点。与此同时，在相隔不远的格拉斯，日益兴盛的香水工业，带动着玫瑰种植的发展，主要以百叶玫瑰为主，品种不一。

园艺师对这种香气清新幽雅的玫瑰产生了浓厚的兴趣，他将法国玫瑰和百叶玫瑰进行杂交——看，法国玫瑰再次发挥了它的价值——成功获得了一种长势健壮的无刺玫瑰。这种玫瑰的盛花期在五月，故此得名五月玫瑰——"Mai"在法文中是五月的意思。

这种香气更为明显的玫瑰，迅速被格拉斯的玫瑰园主人所接受。1895 年前后，它们被成批引进格拉斯，广泛种植，从此成为这个香水重镇的标志性植物。

不过，因为格拉斯所承担的重任——法国香水有七成在此制造，即使在这个小城种满五月玫瑰也难以满足需求——所以，当地的花材只供给极少数法国奢侈品牌使用，比如 Chanel 和 Dior，众所周知的代表单品是 No.5 和

Miss Dior。

更多的需求则依赖进口：摩洛哥是主要产区，当地的百叶玫瑰品种，是 20 世纪初从格拉斯引进的五月玫瑰，此外，埃及也是重要的产区。它们作为初级生产基地，源源不断地提供着玫瑰浸膏（浸膏是玫瑰净油的半成品形态）和玫瑰净油。以这样的供求关系来看，摩洛哥简直就是格拉斯外挂的一片"飞地花园"嘛。

和玫瑰情形类似的还有茉莉——格拉斯的另一种代表植物。1930 年，当地的茉莉浸膏产量 5000 公斤，而如今年产量只有几十公斤——埃及和印度承担起了重任，成为茉莉初级产品的主要供应商。

但无论玫瑰和茉莉来自哪里，去格拉斯朝圣都是一件必须要做的事情。如果想深入了解当地的香料植物种植和香水制作，最好提前多做一些功课，因为当地的花园大部分并不对游客开放，以至于很多人去了之后扫兴而归："玫瑰园在哪里？茉莉园在哪里？"

好在，格拉斯可观之处颇多，在开放的香水工厂，仍然可以看到与几个世纪前并无二致的脂吸萃取工艺：清晨采下的玫瑰花瓣，与动物油脂混合，通过日照或加热，促进芳香成分溶解，由此获得的就是散发着玫瑰芬芳的油脂。

在 16 世纪，成为法国王后的美第奇家族女孩——凯瑟琳·美第奇，便是用这样的香脂来浸泡她的手套，上流社会的诸多贵妇无不效仿。在凯瑟琳将她的调香师派遣到格拉斯后，这里的玫瑰、茉莉、紫罗兰和柑橘，便源源不断地成就着巴黎沙龙里的衣香鬓影。反过来，这些消费力强劲的贵妇，同时也推动着小城从皮革业制造中心发展成了芳香产业重镇。

简单地介绍一下凯瑟琳·美第奇吧，她不仅对法国此后近百年间的政治局面有极大影响，更是法国时尚史上相当重量级的女性角色。

美第奇，这个一手推动欧洲文艺复兴的伟大家族，对于玫瑰有着非凡的热爱，所以，其驻扎地——佛罗伦萨当时便已经发展成了欧洲的香水中心。14 岁的凯瑟琳·美第奇被一手安排嫁给了当时的法国国王亨利二世。远嫁的女孩，带上了自己专用的调香师 Rene le Florentin 以及香水手套的技艺；当然，还有束腰裙、高跟鞋和蕾丝花边。

当时的格拉斯，还是一个以皮革业制造为主的手工业城市。调香师便是在这里定制手套，并将它们放在香脂中浸泡，以便每一双送到王后手中的手套，都散发着迷人的香气。这一举动直接促进了当地芳香产业的发展，一部分头脑灵活的皮革业从业者，直接改行，成为香精制作者。

1730 年，格拉斯诞生了法国第一家香精公司。到了1760 年，政府开始对皮革业征收高额赋税，这成为另一个推动力——或者说最后一根稻草，当地的皮革行业迅速衰落，取而代之的，便是传承至今的芳香产业。而格拉斯，就这样成为全球著名的香水城。

和大马士革的甜香比起来，百叶玫瑰最大的特点是玫瑰香更为清新，带着一点青草的气息，更具少女感，所以在香水行业相当受欢迎。格拉斯和摩洛哥所种植的，都是五月玫瑰——由法国玫瑰和百叶玫瑰杂交而得。

摩洛哥的玫瑰谷，
土耳其的玫瑰城

伊朗的卡尚，土耳其的伊斯帕尔塔，保加利亚的卡赞勒克，摩洛哥的 Kalaat M'gouna，虽然地处不同的国家，各有其名，但人们一提起这些地区，总是会直截了当地以玫瑰为名，称它们为玫瑰城、玫瑰谷。

以大马士革玫瑰和百叶玫瑰为代表的精油玫瑰，在全球被广泛引种，但达到一定规模、能够以玫瑰为名的城市和地区，数数也就那么几处。

保加利亚的玫瑰谷当然是首选，其次是摩洛哥的玫瑰谷——位于阿特拉斯山脉南侧的 Kalaat M'gouna，也许是音译成中文太过麻烦，索性就直接称为玫瑰谷了。

为何孤悬北非的摩洛哥，会成为玫瑰的著名产区？这就不得不提起法国与摩洛哥的"孽缘"了，有点像中国人说的塞翁失马，祸与福，其实已经很难分得清楚了。

摩洛哥这个国家，地处北非，战略位置重要但国力弱小，很自然地成为欧洲强国海外殖民的首选目标。从地理位置上看，它与法国陆地之间还隔着西班牙和葡萄牙，但海上航线却畅通无阻，相当便利。

于是，在长期的控制与反控制之后，摩洛哥终于在1881年因为债务危机，沦为法国的受保护国（Protectorate，殖民统治的一种特殊形式），此后历经纷争，却始终没有摆脱这重枷锁。而1912年《非斯条约》的签订，更是让法国与西班牙分割了摩洛哥，再次明确了宗主国身份。直到1956年，摩洛哥才真正独立。

从政治关系上说，这是不对等的殖民；但从经济角度层面考量，摩洛哥的工业化和社会意识形态，都因为法国的介入而得到发展。五月玫瑰的引种，便是一种这样的缘分。奇妙的是，娇弱的五月玫瑰格外适应摩洛哥的丘陵气候，在海拔1000米左右的山地间生长，香气更为浓郁，而且出油率也有明显提升。这令引种者大喜过望，摩洛哥玫瑰产业，也就此奠定基础。

也许盛开的美丽花朵，能够抚平曾经的伤痕，我相信玫瑰的神奇。

不过，摩洛哥虽然以五月玫瑰为主要栽培品种，但大马士革玫瑰在当地也有规模引种，特别是在玫瑰谷区域，成片栽种的，正是后者。据说它们来自于 10 世纪时去麦加朝圣的虔诚教徒，这些人从圣城归来时，也顺道带回了神圣的玫瑰。

由于以丘陵地形为主，摩洛哥的玫瑰种植很难形成大规模的玫瑰园，而是散落在山丘

这幅铅笔手绘，向我们展示了 1870 年采摘玫瑰花的场景。一百多年过去了，许多事情都发生了变化，但采摘玫瑰的人们，和当年并没有什么两样。

间，东一片西一片。在种植面积上也很难准确统计，但根据官方数字，五月玫瑰与大马士革玫瑰的种植比例大约是6:4。

摩洛哥的玫瑰谷之所以举世闻名，除了玫瑰这个元素，还因为它的自然风光：处于大阿特拉斯山脉，附近峡谷密布，山河雄壮，与沙漠风光形成了鲜明的对比。在探访过玫瑰谷的风光之后，沿途观赏亦是乐事。

与这两个国家的玫瑰谷可以相提并论的玫瑰城，是土耳其的伊斯帕尔塔（Isparta）。根据2017年的数据，保加利亚的玫瑰种植面积是4000公顷。如果单以这个标准来衡量，土耳其就要排到前面去了，事实上，在不少资料里，它已经被当成全球最大的玫瑰精油生产国了。

但有时候"大"与"强"还有着微妙的差别。更多的时候，在玫瑰的世界里，保加利亚仍然在前。十年后，也许情况会变得不一样？谁知道。说不定，一直保持高速发展势头的伊朗，反而后来居上了呢。

土耳其的玫瑰主产区在安纳托利亚高原西部的伊斯帕尔塔省，这里湖泊密布，被称为"土耳其的湖区"，地理气候与玫瑰谷非常相似。1870年前后，来自保加利亚的移民将大马士革玫瑰带到这里试种，适应良好，大约十多年后开始普遍种植。现在，这里的玫瑰精油产量，已经占到全球总额的 60%，伊斯帕尔塔也由此成为举世闻名的玫瑰城。

玫瑰城里，温和的气候与充沛的降水，不仅适合玫瑰，同样适合薰衣草和百里香的生长，而樱桃、苹果、桃子在成熟季节也会散发果香。无论用眼睛去看，还是用鼻子去闻，这个城市的滋味都堪称甜美。

打开地图，观察玫瑰田的分布，会发现一件很有意思的事情。近千年来，精油玫瑰的种植中心其实并没有发生大的偏移，而是始终在欧亚大陆相连的这一片地中海东岸区域。横跨亚欧大陆的土耳其，北接保加利亚，南接伊朗，而这三个国家，正是目前大马士革玫瑰种植面积及产量的前三位。伊朗的主要玫瑰产区是卡尚（Kashan），历史最为悠久的玫瑰之城，加上东部的克尔曼地区，种植面积正在逐年扩大。

土耳其和伊朗，恰如张开的两翼，将大马士革城拱卫在中间。曾经那"人间最靠近天堂的地方"，如今在无休止的战争中，已是满目疮痍。

我愿有一天，
玫瑰重新开满大马士革

人类最早开始繁衍生息的古城之一，
如今在炮火中哭泣；曾经遍地盛开的玫瑰，
如今只在断壁残垣中偶尔闪现。

叙利亚，全世界最古老的文明发源地之一。

大马士革，全世界最古老的、持续有人居住的城市，建城已经超 4000 年。

12 世纪，一朵玫瑰以城为名，从这里传播到欧洲各地。
19 世纪，大马士革玫瑰成为全球最重要的精油玫瑰品种，支撑起庞大的芳香产业，直到如今。

然而，在玫瑰的出发点，大马士革城满目疮痍，只有零星的粉色花丛，在残破的道路边偶然闪现。

2011 年，叙利亚爆发了大规模内战，战火绵延至今，致使这个国家面目全非。多处列入联合国世界遗产的文化遗址被炮火炸毁，包括大马士革古城在内的 6 处世界遗产，在 2013 年被联合国教科文组织列入濒危名录后，如今已几乎全部摧毁。

大马士革，这座历经诸多王朝都得以存续，曾以"人间若有天堂，大马士革必在其中"为世人所知的名城，却毁于现代文明，实在令人痛心。

以城为名的大马士革玫瑰，曾经是这个国家的重要农作物，亦曾为当地农民带来数倍于其他农作物的经济收入。在大马士革城周边，曾经遍布玫瑰种植园。其中，距首都约 60 公里、名为马拉哈（Al-Marah）的村庄，是其中最著名的一个。它以种植最原始的大马士革玫瑰品种而闻名，也是叙利亚最盛大的玫瑰节举办地，在极盛时期，每年能收获 80 吨玫瑰花，萃取精油及玫瑰相关产品，出口到附近国家。

而现在，数字缩减到只有原来的四分之一，并且谁也不敢说这就是最低谷。

但至少，马拉哈村的玫瑰种植还能保持基本运行。而在交战几方争夺激烈的首都城区，曾经作为标志性植物的粉色玫瑰，早已在焦土中消失了身影。

在内战爆发前，虽然并不是全球排名靠前的玫瑰产区，但大马士革玫瑰在叙利亚分布广泛，拥有不少小型产区，比如那卜鲁德地区（Yabroud area，叙利亚和黎巴嫩交界处的城镇）、阿勒颇（Aleppo，叙利亚工商业中心城市）附近的村庄。令人悲伤的是，我对这些名字的印象，并不是来自于玫瑰种植，而是有关战争的报道。

愿战火早日停息，愿大马士革玫瑰能重回故乡，肆意盛放。

这不仅是玫瑰爱好者的期待，也是全世界的期待。

　　大马士革的战火不知何时才能停歇。以这座古城之名为
世人所知的大马士革玫瑰，和所有爱好和平的人一起，默默
地等待着那一天。

玫瑰花吐放香气，
就在那个时际，
我爱上了你，
我的心弦你轻轻地触击，
发出温柔的歌曲。
我们在一起，
就如和风细雨。
所有的花蕾展开笑意。

——哈菲兹

第三篇

丝绸之路，
也是玫瑰之路

Part 8

从伊朗到印度，
玫瑰的足迹

丝绸之路（Silk Road）一词，最早出自德国地理学家费迪南·冯·里希托芬（Ferdinand von Richthofen）在 19 世纪末出版的地图集。这位曾多次参加东亚远征队，7 次到达中国的学者，以丝路来命名连接古代东亚与欧洲之间的贸易通道，言简意赅，迅速得到了广泛的认可。

　　2014 年被联合国教科文组织列为世界遗产的丝绸之路，是沿线诸多国家共同促进贸易往来的产物，而开启它的标志性事件，毫无疑问，是西汉张骞在公元前 138—前 126 年和公元前 119 年的两次出使西域。

　　虽以丝路为名，然而，往来于这条道路的，并不止于丝绸这一种货物，纸张、香料、瓷器，乃至农作物、生产技术、宗教、艺术……丝路见证了一切的往来。

　　源于伊朗的大马士革玫瑰，便是沿着这条丝路东来，在天山脚下的绿洲，扎根生长。而古老的中国月季，同样也曾沿着这条西去的通路，悄无声息地送去一抹东方的芬芳。

　　在伊朗，几乎每个城市都与玫瑰有着千丝万缕的联系。即使它现在并不是玫瑰的重要种植区，但只要提到它的名字，芬芳就似乎萦绕在鼻端。设拉子（Shiraz）便是这样一个地方，以玫瑰与夜莺为独属标志的它，是曾经的丝路名城。这张出自当代著名细密画大师法拉希（Hossein Fallahi）的作品，也正是以这两者为题材。

加姆萨尔：
红花与青花

在丝绸之路的西端，大马士革玫瑰最
初诞生的地方，它依然被朴实地唤作伊朗
红花。

加姆萨尔（Qamsar），伊朗卡尚城附近的一个村庄，
现今常住居民不过3500人，却拥有两种闻名于世的物产——
玫瑰和苏麻离青料，即红花和青花。

我最早知道这个村庄的名字，并不是因为玫瑰，而是因
为青花瓷。

元青花与明初青花瓷，因为使用苏麻离青作为颜料，烧

制出的瓷器才有着蓝宝石般的鲜艳色泽，成就了青花瓷的巅峰时刻。这大名鼎鼎的苏麻离青钴料，某一个阶段便来自加姆萨尔村。一条巨大的矿脉从此处穿过，包含了赤铁矿、硫化镍矿和钴矿。

当年中国的瓷器通过丝绸之路被运到世界各地，成为上流社会的至宝。由于它的珍稀难得，许多国家也开始试着烧制瓷器，虽然没有完全模仿成功，但也有一些意外所得。比如，伊朗的工匠们便用产自加姆萨尔的钴料，烧出了一种明朗欢快的蓝花瓷，这种釉料又反过来作为贸易商品，出口至中国，成就了元末明初最为惊艳的一批青花瓷。

可惜，有限的产量经不起无度的挖掘，山坡上的矿脉已然废弃多年，而明代中后期的青花瓷，也因缺少上佳钴料，黯淡了不少。

青花虽然不再，但红花却仍年年在此盛开。

红花，具体来说，即伊朗红花（Iranian Red Flower），是当地人对大马士革玫瑰的称呼。作为这种玫瑰的起源地，当地人给它起了这样一个朴实的名字。一个没有明确史料记载但是流传很久的传说是：当年这里建成清真寺，来自大马士革的使节前来祝贺，临走时从村外山坡上带走了几株伊朗红花；就这样，玫瑰传入叙利亚，并从那里被带往欧洲，并以大马士革玫瑰之名为世人所知。

至今，伊朗人仍固执地称它为伊朗红花，或者是穆罕默迪玫瑰（Mohammadi Rose）。他们在玫瑰的用途上也坚持自己的原则，比如玫瑰水是比精油更重要的萃取产物。

玫瑰最令人着迷也最令人头疼的一点是，即使是同一品种，在不同的小气候条件下，成分也会出现差异。加姆萨尔出产的玫瑰水精华浓度达到了350ppm（百万分比浓度），堪称伊朗乃至全世界最优质的玫瑰水——毕竟，在其他的玫瑰优势产区，是以精油为主打产品的，玫瑰水的性能只会排在第二位。

从古波斯到现代伊朗，玫瑰水是一种怎样的存在呢？打个比方，它类似于中国的十全大补汤，可以应用到医药、美容、美食等各个领域：在传统医学中，它被用来治疗头疼、胃疼，以及风湿性心脏病；在美食方面，它是万能的饮料和调味品，诸多波斯风味都要靠它成就；至于美容方面的应用就更为多样化了，从玫瑰浴到日常护肤都很好用；当然，最不能忽略的，

　　玫瑰、鸢尾、金盏花，这张波斯风格明显的植物绘画，来自 17 世纪的《达拉·什克之书》（*Dara Shikoh Album*）。以莫卧儿王朝沙·贾汗（Shah Jahan）大帝的儿子、曾经的皇太子达拉·什克命名，他所收集的这些绘画作品，据传是打算送给未来妻子的礼物。然而，达拉·什克的结局我们都知道了，他争位失败后被弟弟奥朗则布杀害。

是它在宗教仪式中的重要作用，圣城麦加每年都需要耗用大量的玫瑰水，加姆萨尔的供给是不可或缺的部分。

当然，这里说到的玫瑰水只是统称，根据不同的用途，玫瑰水的浓度也是有区别的。用于日常饮食的大瓶玫瑰水和呵护肌肤的小瓶玫瑰水，从售价到效果都完全不可等同言之。也许，只有本地人才能确切知道，究竟有多少种玫瑰水吧。

大约 2500 年前，波斯人开始制作玫瑰水，那时候的玫瑰水，应该真的就是"玫瑰 + 水"。用清水浸泡玫瑰花瓣，然后偶然间——也许是一次玫瑰浴吧——发现滚开的水更能够激发玫瑰的香气。这对炼金术士们是个启发，原始版本的蒸馏术出现了，在萨珊王朝时期（224—651 年），蔷薇水便已经被制造出来了；到了公元 10 世纪，伊本·西那已经实现了蒸馏术的改进，在萃取玫瑰精油的过程中，与现代工艺大致相同的玫瑰花水也诞生了。

不过，说来你可能不太相信，在这样一个有着悠久玫瑰水应用历史的地区，工业化的规模生产，一直到 20 世纪 70 年代才开始。新的生产方式带来的最大改变并不是产量——小作坊的产量加起来也很惊人，它主要是解决了玫瑰水的灭菌问题，在保持活性的前提下，延长了储存时间，使它能够适应现代商业的需求，销售到更远的地方。

在保加利亚和土耳其还在为谁是最大的玫瑰精油生产国大打嘴架时，伊朗已经喜提一项桂冠：它是目前世界上最大的玫瑰水生产国。

以加姆萨尔为出发点，向北十余公里，便是以玫瑰城为名的绿洲城市——卡尚。每年初夏，这里会举行一系列与玫瑰有关的节庆活动，而玫瑰水更是卡尚街头随处可以买到的日常用品。

卡尚向南，出伊斯法罕省，进入相邻的法尔斯省，那里还有一座曾熠熠生辉的丝路名城设拉子，以玫瑰和夜莺著称，同时还被称为"诗人故乡"。很长一段时间内，这里都是波斯帝国的政治中心，是古丝绸之路西端的标志城市。14世纪波斯最著名的抒情诗人哈菲兹（Hafiz），曾这样描述当年的风景："你花园里的翠柏、茉莉，还有玫瑰、黄杨在一起，都经受了秋风的袭击，只因为真主灵光熠熠。"

2000多年前，来自丝路各地的商旅旅客，经年跋涉，到达此处，玫瑰的芬芳，就是慰藉疲惫身躯与心灵的最佳良药。

塔伊夫玫瑰，
阿拉伯之花

在奥斯曼帝国空前强盛的年代里，玫瑰也获得了最佳的传播机遇。跨越沙漠，它来到塔伊夫的山坡上，在适应了这里独特的气候后，它成为一种气息更为浓烈的阿拉伯之花。

14 世纪时，土耳其人把塔伊夫玫瑰（Taif Rose）从巴尔干地区带到了它现在生长的地方——沙特阿拉伯的塔伊夫城。

分析这句话所提供的信息：14 世纪、土耳其、阿拉伯地区。线索明显地指向了奥斯曼帝国——一方强大的伊斯兰势力，一个与玫瑰息息相关的帝国。

定居于安纳托利亚半岛的土耳其部族，在 13 世纪开始崛起；1299 年，在奥斯曼一世（Osman Ⅰ）担任部落首领期间建国，经过三代征战，日渐强盛。然而，中间有几十年的时间，奥斯曼帝国与帖木儿帝国势力正面冲突，步伐停滞不前；直到 1453 年，才在穆罕默德二世的率领下攻占君士坦丁堡——当时拜占庭帝国的首都，取而代之，成为横跨三大洲的中亚霸主，对亚洲和欧洲的文明发展，都产生了巨大的影响。

以我这个玫瑰爱好者的眼光来看，奥斯曼帝国的疆域，几乎可以全部涂成玫瑰色——起家于安纳托利亚半岛、征服叙利亚、将保加利亚纳入版图、控制了阿拉伯半岛，一直到 17 世纪之前，其势力都一直笼罩着伊朗西部的广大地区。

这，这真的不是欧洲玫瑰产地示意图吗？保加利亚、土耳其、伊朗，全球前三的精油玫瑰产地，在几百年的时间里，都属于同一个政权统治。抛开政治文化上的影响不谈，至少在货品贸易和物种流通方面，也有着极大的便利。难怪一说起这些地方的玫瑰种植历史，奥斯曼帝国总是绕不过去的名词。

塔伊夫玫瑰便是在这样的大环境下诞生的，最早的历史可以上溯到 14 世纪。由于伊斯兰教徒对于玫瑰水的热爱，紧邻圣城麦加的塔伊夫成为适宜的种植园所在地，这座海拔 1500 米的山城，气候凉爽温润，非常适合发展农业。早在公元 5 世纪时，塔伊夫就以出产无花果、石榴、枣、橄榄等特色水果而出名。每天早晨，驼队将新鲜采摘的农产品运往麦加，供应来自各地的朝圣者。

当塔伊夫的山谷里开满玫瑰时，骆驼所背负的货物也开始有所变化。清晨采摘的玫瑰花，装入麻袋，当天运往麦加，在那里，制成玫瑰水、玫瑰油以及所有受欢迎的玫瑰制品。后来，为了减少玫瑰精油的损失，才改在当地进行蒸馏生产，并迅速成为"阿拉伯香水"的新宠——不管是坚持自我的阿拉伯香水品牌，还是如迪奥这样的国际奢侈品巨头，想要来一支异国情调满满的新香，塔伊夫玫瑰都会被列入名单。佩里斯·蒙特·卡洛（Perris Monte Carlo）甚至直接以玫瑰为名，于 2013 年推出的塔伊夫玫瑰（Rose de Taif），以浓郁的精油气息，令人一闻难忘。而要论到最具代表性的，也许非爱慕莫属，这个创立于阿曼的高价香水品牌，算得上是塔伊夫玫瑰数一数二的大客户了。

　　沙漠国家给人的第一印象是炎热干燥，但总存在某些天眷之地。位于红海东岸的山城塔伊夫便是例子，海拔约 1500米，紧邻红海，气候凉爽温润，非常适合玫瑰生长。这里所种植的，是大马士革玫瑰的另一个重要变种——塔伊夫玫瑰，也被称为阿拉伯玫瑰。

同为大马士革玫瑰品种，塔伊夫玫瑰与卡赞勒克玫瑰是两个不同的变种。塔伊夫玫瑰的学名规范写法是：Rosa × damascena cv. Trigintipetala。"cv."是"cultivarietas"的缩写，在植物学名中出现，代表这是一个栽培变种。与卡赞勒克玫瑰相比它有何不同？最能得到认同的回答是，它的香气更为强烈和独特，并且带有茶香气息。也许是沾染上了阿拉伯一直以来的神秘色彩，非官方传说，这种玫瑰的味道，还有一定的催情功效。

　　奥斯曼帝国不仅无意中促成了玫瑰在中亚区域的广泛传播，而且帝国的统治者也着实算得上热爱玫瑰的有心人。在君士坦丁堡的皇宫内，玫瑰是不会缺席的花朵。皇室的玫瑰水消费量，达到了惊人的数字。与宫殿相邻的花园，亦以玫瑰命名，这就是如今被列入世界遗产保护区域的古尔哈尼公园（The Gulhane Park）。在土耳其语中，"Gul"是玫瑰，"hane"则有舍、园之意，"Gulhane"便是当年的帝王与如今的平民，共同享有的玫瑰园。

巴布尔大帝与玫瑰：
猛虎嗅蔷薇

"心有猛虎，细嗅蔷薇。"西格夫里·萨
松的这句诗，正是莫卧儿王朝开创者巴布
尔的真实写照。这位开疆辟土的勇士，亦
是不折不扣的玫瑰爱好者，正是他将玫瑰
带到了印度大陆。

印度诸多种植大马士革玫瑰的城市，在描述自己的种植
史时，第一句话基本都是："从莫卧儿时代开始……"

从16世纪到19世纪，莫卧儿王朝统治了印度300余年，
虽然东方史学研究者坚定地认为它是蒙古人后裔建立的帝
国，但作为帖木儿大帝的后代，帝国的开创者巴布尔（Babur）
从来都是以突厥人自居，其中一个很明确的证据是，他对波

斯文化而非蒙古文化的高度认可。

这些认可通过诸多生活细节流露出来：他的名字源于波斯语，意为老虎；他的自传以突厥语书写（旧土耳其语），后来又翻译成波斯文版本流传至今；他的饮食高度波斯化。而我最感兴趣的一点是，他把大马士革玫瑰带到了印度——老虎和玫瑰，这不就是"猛虎嗅蔷薇"的写实版吗？

巴布尔出生于中亚地区的费尔干纳，青年时期占据阿富汗地区作为根据地，中年才开始征战南亚，1526 年建立莫卧儿帝国，可惜第二年就因病去世了。在历史记录中，他的身份相当多重，除了是伟大的君主，他还被认为是诗人、语言学家，以及热爱自然的人和花园的创造者——最为著名的便是他对郁金香和玫瑰的热爱，尤以后者为甚，不但留下了关于玫瑰的炙热诗句，还给自己的几个女儿都起了与玫瑰有关的名字：Gul chihra、Gulrukh、Gulbadan、Gul rang。"Gul"在波斯语中就是玫瑰的意思。

当然在这之前，作为一个古老文明的发源地，印度的历史中玫瑰也并没有缺席。其西北部到东北部的广袤地区，正是喜马拉雅山脉南麓，这里生长着诸多野生玫瑰，被古代

印度人广泛应用，在阿育吠陀（印度传统医学体系）文献中，记载了多种玫瑰的医药用途。关于维贾亚纳加尔王国（Vijayanagar Kingdom，14—16 世纪位于德干南部的印度教王朝），欧洲旅行家非常细致地描述了从皇帝到平民对于玫瑰装饰的热爱。

当芬芳的大马士革玫瑰进入这片大陆时，作为新统治者的心头好，它令人瞩目。最初，它被集中种植在克什米尔地区，然后，开始向其他地方传播——从山丘到平原，一旦遇到适宜生长的小片区域，玫瑰便迅速在此扎根。

巴布尔的子孙们，继承了他对于玫瑰的热爱。在莫卧儿王朝非常盛行的细密画（以精细刻画为特征的小型绘画形式）中，拈一朵大马士革玫瑰、微笑而立的肖像画姿势，为诸多君主和王室成员所喜爱。除此之外，当时出版的图书插画中，也经常能看到大马士革玫瑰的粉色身影。

沙·贾汗可能是世人最熟知的莫卧儿帝国皇帝了，他做过的最著名的一件事情就是为妻子修建了举世闻名的泰姬陵。其实，沙·贾汗的政绩也很显赫，他的名字在波斯语中的意思是"世界的统治者"，也算名副其实。这幅画像中，他手拈一朵大马士革玫瑰，微笑而立，正是"拈花微笑"的如实写照。

不过，帝王和玫瑰……这关系听起来总有点不够香艳。所以，或者是真的发生过，或者只是附会，总之，有一位莫卧儿王朝的王后，与大马士革玫瑰也结下了不解之缘。

努尔·贾汗（Noor Jahan），绝对的传奇题材大女主，她以寡妇的身份嫁给第四任皇帝贾汗吉尔（Jahangir），深得宠爱。皇帝沉迷于享乐无心政事，努尔·贾汗一度成为帝国的实际控制者，可惜她在王位继承人的选择中站错了队，与她对立的沙·贾汗登基后，努尔·贾汗被软禁于宫中，冷清地度过了余生。

在努尔·贾汗曾经的奢华生活中，有一项必不可少的享受就是泡玫瑰浴。据说，她在泡澡的时候，发现有一层淡黄色的油液浮在水面上，于是，玫瑰精油被发现了。这个传说从科学的角度来说，无法令人信服，但至少她对玫瑰浴和精油的痴迷，都是真实存在的。

"拈朵微笑的花，想一番人世变幻……"翻开史书，凝视着贾汗吉尔拈花而立的身影，耳边响起的这首流行曲，居然格外地贴切呢。

东方格拉斯

《梁祝》被称为东方版的《罗密欧与朱丽叶》，卡瑙杰城被称为东方格拉斯，这样的对标方式，让人们瞬间对这陌生的名字有了熟悉感。然而，深究下去你就会发现，两者终究不同。

世上的香氛有千千万，但我确实没想到，还有一种"雨香"。

在《雨：自然与文化的历史》（*Rain: A Natural and Cultural History*）这本有趣的书里，作者辛西娅·巴尼特（Cynthia Barnett）描述了这种出产于印度北方邦卡瑙杰城（Kannauj）的独特香氛。

在气候变得潮湿而雨水尚未落下之时，挖掘湿泥，放置在陶盘中，然后按照常规的蒸馏流程，萃取出藏于泥土中的芬芳，这就是初雨的味道。

这个创意，我给 100 分。

之所以归入创意而非脑洞，是因为我相信，作为印度的香水之都、有着"东方格拉斯"美称的卡瑙杰，对于香氛的创作态度，绝对是严谨的。

位于恒河西岸的这座古城，芳香产业的发展已超过 1500 年。公元 7 世纪时，戒日帝国统一印度北方后定都于此，在对王都征收的赋税项目中，香料植物赫然在目。到了 16 世纪的莫卧儿王朝，这里又成为国王指定提供精油和香氛的地区。现在，它以出产香氛和玫瑰水著称——虽然在现代工业的攻势下，坚守传统的生产方式使它出现了明显的颓势，但全世界的寻香客，仍对它念念不忘。

卡瑙杰的玫瑰精油萃取，有两项颇值得细说的独特之处。

首先是玫瑰品种，由于工业化水平落后——也可以用"很好地保持了传统"来描述，它在玫瑰原料的取材上，比较多样化。大马士革玫瑰和百叶玫瑰是全球通用的，但另一个品种，唯印度独有，被称为爱德华玫瑰（Edward Rose），有时候也被直接叫作印度玫瑰。

这种颜色深艳、香气浓郁还带有一点辛辣感的玫瑰，是何来头？

目前比较公认的说法是，它属于波旁玫瑰（Bourbon Rose）类型，因19世纪早期在法属波旁岛最先发现而得名。当地人将传入的中国月季与大马士革玫瑰混栽，自然杂交形成了原始的波旁玫瑰。园艺师发现后，将之进一步与法国玫瑰杂交，形成了又一个古典玫瑰种群。

然而，人们没有弄清楚的是，爱德华玫瑰是如何在印度广泛传播开来的。有一种说法是，法国

印度北方邦的卡瑙杰城，素有"东方格拉斯"的称誉。此外，它还是玄奘法师在《大唐西域记·羯若鞠阇国》中提到的佛国。羯若鞠阇意译为曲女城，正是今天的卡瑙杰城。作为印度的香水工业中心，它所使用的玫瑰原料，以在南亚大陆上适应良好的当地玫瑰品种为主。

德国邮政于 1982 年推出的一套由 Heinz Schillinger 设计
的玫瑰邮票，包括了波旁玫瑰在内的几个标志性杂交品种。

与印度有频繁的贸易往来，于是将这种玫瑰带到印度，由植物园向民间蔓延。另一种观点则认为，波旁玫瑰其实最早是在印度形成的，之后才被带到波旁岛种植。

无论前因如何，爱德华玫瑰已经成为印度特色的精油玫瑰品种，但也因为这种独特，限制了它在国际精油市场上一展身手。有没有想起中国的苦水玫瑰精油？坦率地说，这确实是个问题。

卡瑙杰玫瑰精油的第二个独特之处，在于它并不是一种单纯的玫瑰精油，当地的作坊传统是添加檀香。古早的做法是在蒸馏玫瑰的时候，加入檀香木材；现在更普遍的方式是直接导入檀香精油。檀香的温润包容与玫瑰的甜香融合，如此萃取出来的精油，比已然很昂贵的玫瑰精油价格还要高出许多——因为檀香精油也是价比黄金啊！

虽然有着数说不尽的辉煌，但现状是卡瑙杰的芳香产业在迅速衰败，原因来自各个方面：政府对檀香木的管制越来越严格；从原料甄选到作坊水准，都无法对接高度发展的国际芳香产业；低成本的化学合成香氛，强烈地冲击着传统消费群体……

Part *9*

从和田到喀什，
西域玫瑰香

马可·波罗曾经这样走过丝绸之路：先到达里海东南部，然后是阿富汗，从这里通过帕米尔高原，到达喀什，再沿着塔克拉玛干沙漠南部边缘行进，经过和田、罗布泊，来到莎车（今天的敦煌地区），在此休整后，再前往中国其他城市。

　　这条颇具代表性的路线，同样是玫瑰东传的必经之途。

四瓣花的
丝路之旅

四瓣花，一种具备植物花卉的特征同时又有几何美感的纹样，成为维吾尔族常见的装饰图案。它的由来与玫瑰是否有所关系？其实，答案并不那么重要。

2019 年初，在北京的世纪坛，举办了一场很特别的壁画展。其特别之处在于它所展出的，是古代壁画暨流失海外珍贵壁画的复制品。主办单位的组合也很新奇：江苏理工学院与中央美术学院修复研究院。

我去看这个展是因为好奇两件事：一、黑科技对艺术呈现究竟有多大帮助；二、壁画上是否会有玫瑰东传而来留下的痕迹？重点是后者。众所周知，20世纪初期接踵而来的西方探险队，从中国带走了大量壁画和雕刻，新疆、甘肃这些丝路沿途省份都是重灾区，这些珍贵的文物如今分散在欧美各大博物馆，难得一见。

一路看过去，在吐鲁番伯孜克里克石窟第32窟壁画前，我停下了脚步。三名来自高昌回鹘世家沙利家族的红衣男子，手持鲜花——是的，我的重点就在他们手中的鲜花上。

细长的茎，粉色白边花朵，花枝的最上端还有红色的花苞。

这是玫瑰吗？或者是别的种类？简短的图片说明中并没有给出答案。

参照另一张资料照片，能看得更仔细。它来自同一洞窟、与上述壁画现一起收藏于德国柏林印度艺术博物馆，有所不同的是，这张绘制的是两名女性贵族持花供养人，某些资料中称她们为公主。华服女子侧面而立，手中的花枝更为清晰，能明显看到花朵为四瓣，中心深粉，边缘渐渐过渡为粉白，叶片对生，末梢有红色花苞。

按理说，看到四瓣花的时候，就可以放弃它是玫瑰的猜想了。因为通常所见蔷薇属的野生原始品种，都是五瓣花。事实上，四瓣花是少数派，只有十字花科、罂粟科等几个科的植物，才开四瓣花。

支持我探究下去的理由是，作为一种艺术纹样，四瓣花并不和自然界的花朵完全对应，它可能是忍冬纹，可能是莲花纹，也可能是玫瑰纹。因为简洁美观的四瓣花纹，在世界各国都被广泛采用，而且由于文化背景、地理环境等的差异，它还有丰富的变化形式。

当年，四瓣花作为犍陀罗艺术的常见纹饰，随佛教传入中国西域，除了出现在佛教石窟、寺院中，它还成为百姓生活的一部分。建筑、家具、花帽、地毯，还有维吾尔姑娘最爱的艾德莱丝绸上，四瓣花纹几乎无处不在。

什么是犍陀罗艺术？简单地解释下：犍陀罗是印度古国之一，疆域在今天的阿富汗东部至印度西北，扼守东亚、中亚、西亚交界处，地理位置特殊，是多种文化交汇之地。佛教传入此地后，受到古希腊文化影响，形成了最早的佛教艺术——犍陀罗艺术。

犍陀罗艺术的极盛时期，对应的恰好是中国的汉朝。佛

　　吐鲁番伯孜克里克石窟，壁画内容极其丰富。那些华丽精致的画面，为今天考察佛教东传提供了宝贵的参考资料，也对其他领域的研究者有所启发。比如，这第 32 窟壁画中，回鹘世家沙利家族的男性供养人，手中所持的到底是何花？它在现实中真的存在吗，还是出于当年民间艺术家的想象？

教东传，越过帕米尔高原，犍陀罗艺术也沿着丝路传播到新疆地区，对新疆乃至敦煌、云冈的佛教艺术，都产生了重大影响。四瓣花纹样也随之而来，由宗教而至日常，成为新疆各民族的常见装饰纹样。

天长日久，早期形式相对单一的四瓣花纹，越来越多地融进当地植物的特征，完成了它的本土化，形式也变得更为丰富多样。在这样的演化中，丰满的四瓣花纹和玫瑰，开始有了微妙的联系。

举个例子，在新疆和田所产的地毯中，四瓣花纹是标志性纹样之一，它被一些国外研究者直接称为"玫瑰纹"。在李青教授的《古楼兰鄯善艺术综论》中，四瓣花也被称为"四瓣蔷薇花"。

具体到眼前的"这一朵"，虽然找不到明确的证据支持，但从感情上，我希望这位千年之前的贵族女子，手中所持的是一朵芬芳的中亚玫瑰。

独一无二的
和田玫瑰

和田，"产玉石的地方"。其实，这座沙漠边的美丽绿洲城市，带给世人的，远不只玉石这一种珍宝，它还是大马士革玫瑰在中国仅有的传统规模种植区。

当大马士革玫瑰作为特色经济作物被各地纷纷引进时，很少有人知道，在中国的新疆有一个地方，种植大马士革玫瑰已经有两千余年的历史。遗憾的是，没有更多关于这株芬芳植物的细节流传下来，比如：它是如何沿着古老的丝绸之路，从中亚来到这座沙漠中的绿洲城市的；当地人又是如何认识到这种玫瑰的美妙之处，代代种植；以及从何时起，和田玫瑰（Khotan Rose）这个独具地域特色的品种开始形成……

随着越来越多的考古发现，我们能够一一解答这些具体的疑问。在这之前，我们只能确定两件事：一、借助现代实验室仪器分析，能够判定和田玫瑰属于大马士革玫瑰品种；二、它是自中亚地区沿丝路而来。

公元前 2 世纪，以张骞出使西域为标志性事件，丝绸之路开始兴起。虽然以路为名，但它并不是一条单一的路，而是穿越山川、高原、沙漠，以城市、绿洲为联结点形成的一张巨大的交通网络。

以罗马帝国贵族对东方丝绸的狂热为起始，宝石、调味品、香料、艺术品等诸般特色商品开始沿这条商路进行贸易。丝路沿途各国的物种交流，也在这频繁的贸易往来中，得以展开。对于中国人影响最大的一次物种引入，就是在张骞出使期间，带回了大蒜、香菜、苜蓿、黄瓜、石榴、核桃、葡萄等十余种今天我们所熟知的蔬菜瓜果。

大马士革玫瑰也是最早传入的植物之一，而且可能并不比张骞带回石榴、香菜晚多少——当然，如此大胆的猜测要等待考古发现来验证。但至少有前提，能够支持这个脑洞。

这个前提与玉有关。和田作为著名的昆仑玉产区，向内地和中亚两翼展开往来的时间，远早于丝绸贸易。明确的证据是：通过现代手段检测出公元前 11 世纪—前 8 世纪的西周时期，贵族佩戴的高古玉器高古玉，是典型的昆仑玉；而在另一翼，中亚的古巴比伦王国，也曾出土昆仑玉。这条与丝绸之路并行的"玉石之路"，被认为是亚欧贸易和文化交流最早的通道之一。

贸易不会仅仅是单向的输出，玫瑰油、玫瑰香膏都是中亚古国史料上常见的奢侈品，后来又加上了蔷薇水。在这个过程中，大马士革玫瑰作为一种既有欣赏价值又有经济价值的作物，很可能顺理成章地跟随商队，悄然而来。

可惜的是，玫瑰传入的过程，并没有被清晰地记录下来。它很可能在诸多丝路沿途的城市都留下过足迹，但最终，挑剔的大马士革玫瑰，选择了和田作为它的第二故乡。

和田，古丝绸之路南线上的重要城市，位于南疆，古称和阗，有着悠久的历史。西汉时设西域都护府，和阗作为西域三十六国之一，正式纳入中国版图。

虽然位于干旱性沙漠气候区，但这是一片颇得上天眷顾的宝地。克里雅河、尼雅河从附近流过，昆仑山、天山、帕米尔高原环绕着它，既遮挡风霜，又能够提供丰富的水源。盆地与山地交织的地形，更是大马士革玫瑰最适宜的生长区；而在长期的高温差和长日照气候条件下，自中亚而来的大马士革玫瑰，还慢慢演化出了不同于原产地的一些特征……

当然，若要深入探究，中亚饮食习惯的影响、宗教元素等，也是进一步促进玫瑰在和田繁衍的推动力。

根据当地的统计资料，目前整个和田地区的玫瑰种植面积是 6 万亩，以和田市周边乡村为中心，扩展到周边的于田县、墨玉县等。当然，这个统计口径还有待进一步商榷，毕竟单论种植面积，保加利亚也不过 4000 公顷，换算过来也就是 6 万亩。

要从长期的粗放式种植过渡为能够与现代工业配套的精细化种植，尚需时间。而当地在悠久种植历史中所形成的以食用为主的传统，也并非一时半会儿就能扭转。但，既然已经有一片开满玫瑰的沃土，剩下的事情会容易很多。

让我来带你逛一次和田的玫瑰巴扎（"巴扎"在维吾尔语里就是集市的意思）吧。每年 5 月玫瑰花期，当地都会开

　　每年一度的玫瑰巴扎，赶在花期才会开放。娇贵的玫瑰在这里和普通的货物一样，大堆地堆在地上，让人们随意挑选、购买，成为一日三餐的食材。也许，这才是玫瑰和生活最好的结合方式。

放特色的玫瑰巴扎，市场里随处可见一块大布铺在地上，粉色的花朵如小山般堆积，人们围坐在"花山"边，挑拣着，谈论着，沿袭着古老的方式，用双手将每片花瓣扯下。这些玫瑰花瓣，很快就会被买走，然后按照各家自有的配方，揉制成香甜的玫瑰花酱。也有诸多游客慕名而来，在这香甜的粉色海洋里畅游。

逛完玫瑰巴扎，一定要找个当地的餐馆品尝一下大马士革玫瑰酱——说真的，把这两个词组合起来还真的不太习惯；再来一块当地烤得喷香的馕——这也是普遍分布于中亚地区的一种特色食物，"náng"这个读音就来自于波斯语。馕配玫瑰酱，这是当地维吾尔族家庭的常见吃法。

撕一小片馕，蘸一点儿玫瑰酱，面食的脆香与玫瑰的甜香，在口腔中融合，这般在别处难以尝到的滋味，像极了和田这座城市给人的印象：东西方的文化交汇，成就了它的独一无二。

清凉渠水流过，
玫瑰盛开的花园

感谢民歌诗人王洛宾，他对西北民歌的改编是如此成功，通过那些广为传唱的歌曲，我们对于新疆的了解，是如此真切而实在。

有"西部歌王"之称的王洛宾，并没有做过任何与玫瑰有关的科研工作。然而，在追溯玫瑰由来的过程中，我不止一次想要真心地对他说声谢谢，谢谢他用美妙的歌声，记录下了玫瑰在新疆这片土地上盛开的瞬间。

骑着马儿走过昆仑脚下的村庄，沙枣花儿芳又香。
清凉渠水流过玫瑰盛开的花园，园中人们正在歌唱。

一位祖母向我招手，叫我坐在她身旁。

一朵深红的玫瑰插在苍苍的白发上，她的歌声多么清亮。

1952年，王洛宾在"监外执行"期间，被调到南疆文工团任教。以喀什为中心，他在附近进行民歌采风，《沙枣花儿香》便是源自喀喇昆仑山脚下的和田。

比这首歌更动人的，是采风时发生的故事。

在事隔30余年后，王洛宾接受记者采访时，仍然清楚地记得当时的每一个细节。他最先采访的是一名十七八岁的维吾尔族女文工团团员，在唱完了自己会唱的歌后，她告诉王老："我父亲会唱更多民歌。"40多岁的维吾尔族大叔唱遍了自己会的民歌，又说："我父亲还能唱更多。"白胡子的爷爷唱了许多许多，最后，他带着王洛宾去了后院。90多岁的老奶奶在晒太阳，白发上插了一朵玫瑰花，她为客人讲述了《沙枣花儿香》曲调的由来。

这动人的一刻，化作了美妙的旋律，数十年传唱不休。

月亮和玫瑰，被认为是王洛宾创作中最具代表性的两个意象。其实并非他偏爱这种花朵，而是在新疆采集民歌，玫

　　新疆各地街头，随处可见盛开的玫瑰——当然，这里说的是广义概念上的玫瑰。可能是由于光照充足，即使是同样的品种，在这里也显得更为娇艳。

瑰是绝不会被错过的主题，汉族、维吾尔族、哈萨克族、回族……各族民歌中，都以玫瑰来象征纯洁、爱情和美丽。

"啊，百灵鸟啊亲爱的百灵鸟，你正在看着红玫瑰看着红玫瑰。"这是哈萨克族的民歌。"倘若我能和阿依汗在一起生活，我的心会像夏日盛开的玫瑰花。"这是维吾尔族的民歌。"豌豆开花对连着对，尕妹子种下个玫瑰；漫野的玫瑰开得美，十里的香气把人醉。"这是新疆回族的"花儿"——一种西北的民歌形式。

新疆作为丝绸之路的交界点，联通着欧亚大陆，多种古代文明在此传播交汇，形成了具有自己地域特色的文化。不同于汉族偏爱梅兰竹菊这类以清雅、逸趣为特色的植物，浓艳而芬芳的玫瑰，自古以来就是新疆人的心头好。

从诗歌回到自然科学领域，新疆玫瑰是哪种玫瑰？综合这些民歌的歌词，有两个明显的特征：初夏开花（沙枣花期也在此时），有浓郁的香气。除了和田长久以来种植的大马士革玫瑰符合这些特征，也许还有从甘肃传来的苦水玫瑰，或是西北原生的诸多野玫瑰也在此列，比如疏花玫瑰和宽刺玫瑰。

但无论是哪一种，玫瑰之于新疆这片土地，都有着非同一般的含义——你知道新疆女孩儿名字中最常见的"古丽"是什么意思吗？这个来源于突厥语系的词，在土耳其语中指的便是玫瑰（Gul），只是在传播过程中语义有所扩大，被用来泛指所有的花朵。

在这片土地上，有多少美丽的古丽，就有多少玫瑰盛开。

新疆地域辽阔，地形多变，存在多个小气候区域，为蔷薇属植物的多样化生存提供了相当好的自然环境。这是在新疆伊犁郊外拍摄到的一株多花蔷薇（Rosa multiflora），与内地常见的粉色、白色花朵不同，这个变种开的是非常少见的黄色单瓣花。

一朵玫瑰，就是所有玫瑰，
而这一朵，她无可替代，
她就是完美，是柔软的词，
被事物的文本所包围。
——赖内·马利亚·里尔克

第四篇

当西方玫瑰
遇到中国月季

Part 10

绽放在中国的玫瑰

从喀什到和田，来自中亚的玫瑰受到了极大的认可和欢迎，但它并没有继续向东行进。

　　大自然用另一种植物补偿了我们，它就是在《中国植物志》中以"玫瑰"命名的 Rosa rugosa，一种属于东方的玫瑰，同样的香甜芬芳，同样的初夏盛放，同样的枝繁叶茂，同样拥有高出油率的杂交变种。不过，为了避免混淆，在下文中我们以其意译"皱叶玫瑰"来称呼它。

　　只差一点，这种玫瑰便能成为与大马士革玫瑰、百叶玫瑰并驾齐驱的明星。

平阴玫瑰两千年

一朵属于中国的玫瑰，何时才能够在
国际舞台上扮演更重要的角色呢？

荣誉的另一面，是责任。

我想，在中国原产的诸多蔷薇属植物中，没有谁比皱叶
玫瑰更能理解这句话的含义。在自然科学领域，作为"玫瑰"
这个汉语名字的特定拥有者，它被寄予极其厚重的期望。

玫，石之美者；瑰，珠圆好者。玫瑰二字给予人的印象，
便是皎洁圆润。一株植物缘何以此为名？我也有同样的疑问，

不过，看过皱叶玫瑰结果时的风景，便会恍然大悟，它椭圆形的果实晶莹红艳，实在无愧美玉之誉。

皱叶玫瑰起源于东亚区域，从俄罗斯的远东地区，到朝鲜半岛沿海、日本的北海道、中国的辽东沿海地区，都曾发现它的身影。因其习性强健，耐寒性强，后来逐渐被引种到邻近的山东、河北、内蒙古等地，尤以山东平阴最为著名。史籍所载，在2000多年前的汉代，这里就开始规模栽培玫瑰了。民国初年的《平阴志》曾有这样的记载："清光绪二十三年，年收花三十万斤，值银五千两。"由此，可见栽培面积之大。

平阴，当之无愧的"中国玫瑰之乡"。

新中国成立后，第一个玫瑰研究机构便设立在此。1959年，平阴玫瑰研究所成立，致力于玫瑰品种的改良、提升。当地传统种植的是自然变异而来的重瓣红玫瑰，亩产量约为300公斤。1976年，玫瑰育种获得重大突破，当时担任所长的唐舜庆，将单瓣玫瑰和重瓣玫瑰杂交，获得了能将亩产量提高70%的丰花玫瑰品种；又将山刺玫瑰与重瓣玫瑰杂交，培育出了具有多次开花特性的紫枝玫瑰。这两个

　　起源于东亚地区的皱叶玫瑰，原生品种为单瓣，自然进化出重瓣品种，山东平阴传统种植的重瓣红玫瑰便为此品种。平阴玫瑰可以食用、入药，是平阴的特色经济作物。现在当地每年还会举办玫瑰大会及系列节庆活动，"玫瑰搭台，经济唱戏"，这种绽放于中国的芬芳玫瑰，担负起了越来越重要的责任。

品种，也被称为"唐红""唐紫"，加上传统重瓣玫瑰，便是如今国内商业规模种植的三大主流品种。

我曾在花园的角落里，随意种下一株丰花玫瑰的小苗，并没有多加照管，没想到它的生命力如此顽强，在北京露地越冬毫无问题。只要春风一吹，它就能赶在野草之前萌发嫩芽，耐寒能力实在不一般。到了5月中旬，密密麻麻的粉紫色花苞缀满枝条。在它移植过来的第3年，我曾经好奇地数过，开花数目已经达到了200余朵，香气馥郁。不同于大马士革玫瑰的甜香和百叶玫瑰的清新，这种香气，有着中国人特别喜欢的华美感。

根据资料所载，丰花玫瑰的亩产量可以达到500公斤左右，如果以精油玫瑰的标准来衡量，这已经是一个与国际主流水平相差不大的数字。当然，衡量精油玫瑰的商业价值绝不能依靠单纯的亩产量，还要考虑精油类型、出油率以及油品质量。

然而，虽然与苦水玫瑰并列为我国两大油用玫瑰品种，平阴玫瑰却落后得太多（确切地说，是以丰花、传统重瓣为代表的平阴玫瑰品种）。在漫长的种植历史中，它以药用、食用为主，比如清代的李渔在《闲情偶寄》"饮馔部"便提到了这样一道食谱："予尝授意小妇，预设花露一盏，俟饭之初熟而浇之，浇过稍闭，拌匀而后入碗。食者归功于谷米，诧为异种而讯之，不知其为寻常五谷也。"玫瑰花汁浇米饭，也确实达到风雅饮食的巅峰了。可惜，在更有经济前途的玫瑰精油研究生产上，平阴玫瑰还处于起步阶段，更遑论成熟的商业应用。对于这样一种天赋出众的玫瑰来说，确实令人有大材小用的遗憾感。

什么时候才能看到这样一朵属于中国的玫瑰，在世界舞台上大放异彩呢？我期待着。

20 世纪 70 年代，平阴玫瑰研究所以单瓣原始品种和重瓣品种进行杂交，育出了丰花玫瑰。相较于传统重瓣红玫瑰，丰花玫瑰产量有明显提升，花头更多，花形更为丰满，逐渐成为当地种植的主要品种之一。

东方玫瑰，
为什么叫Japanese Rose？

无论叫什么名字，荣耀都归于玫瑰本身。

朋友从日本回来，给我带了"六花亭"的白巧克力，还特意叮嘱："因为包装纸特别美才买给你的。"

我拿到礼物，也无比同意这个理由：盛开的小花，甜美又充满乡野感。而这些花朵，都是来自于六花亭创始地的本土植物——虾夷龙胆、滨茄子、大花延龄草、猪牙花、空茎驴蹄草和白根葵，这六种植物，就是品牌名字的由来。

这些植物名称是六花亭官网上查出来的，我唯一能确认的只有一种，学名为 Rosa rugosa，在《中国植物志》中被确切命名为玫瑰的那朵，也就是我们前文提到的平阴玫瑰。有趣的是，它被赋予了一个看似风马牛不相及的名字：滨茄子。

此名由何而来？比较好解释的是"滨"，和在中国的原生环境差不多，在日本，这种玫瑰也广泛分布在北海道的海滨沙质土壤区，所以先确认了一个"滨"字。而茄子如何和玫瑰扯上关系则有两种解释，一种是说它的果实像番茄，另一种则是说它的果实似梨形，而"梨"和"茄"在日语中的读音相似，传着传着就成了"茄"。

今年去北海道，在东部海边的

玫瑰果因其丰满的形状，被形象地称为 Rose Hip——"Hip"有臀部之意。而这其中，平阴玫瑰的果实，又更为壮观。和狗玫瑰果呈橄榄形不同，它椭圆且壮硕，一枚重量约与两三枚其他玫瑰果实相当。

平阴玫瑰"香甜如意，芳香四溢"，制成各类玫瑰风味食品，都能很好地保留其特质。从明朝时，就被用于酿酒、制酱、做馅儿，是大众认知度最高的食用玫瑰品种之一。

襟裳岬，还能看到大片野生的单瓣玫瑰，每逢初夏开放，香气弥漫，成为当地盛景。其实，无论是法国玫瑰也好，还是皱叶玫瑰也好，这些原始品种的单瓣玫瑰，长相都很类似。滨茄子也是粉色的五瓣花，金黄色的花蕊，在刺棘丛里看起来楚楚可怜。喜欢欣赏山野草风姿的日本人，对它宠爱有加，个中代表人物，非令和时代的新皇后小和田雅子莫属。

日本的皇室成员都有专属的徽章图案，称为"お印"。"お"是一个在提到比较珍贵、隆重的事物时，加上的特定形容词，但没有实际意义，而"お印"的意思就是印纹。上溯渊源，它与几百年前武士家族的家纹一脉相承。通俗地说，这就是一种专属logo吧，代表着自己的审美喜好和个人气质。比如，德仁天皇的印是梓；而雅子皇后的印是单瓣玫瑰，非常契合她本人既具有本土气息又和西方审美相融合的气质。

一衣带水、关系却复杂难言的两个国家，在对同一种植物的审美上取得了一致：在中国，我们将"玫瑰"这个最具标志性的名字送给它；在日本，则赋予"滨茄子"这个接地气的称呼。这都在情理之中，然而有一点意料之外的事情，令人不禁有些感慨。

作为东亚原生的玫瑰，Rosa rugosa 通用的英文名却是 Japanese Rose（日本玫瑰），翻看两百多年前皮埃尔－约瑟夫·雷杜德（Pierre-Joseph Redoute）绘制的《玫瑰圣经》（*Les Roses*），他就是这样标注的。概因江户时代以来，日本的开放程度较高，大量引进西洋植物，比如欧洲玫瑰就是在江户时代由支仓常长的船队从欧洲带回的。与此同时，他们也输出了不少生长在日本的植物，其中有东亚原生种，也有历史上从中国传入的品种，但因为是通过日本与西方各国的贸易交流到达欧洲，便被直接冠以"Japanese"的前缀了。

然而，无论它被以何种名字称呼，荣耀都归属于玫瑰本身。

华山玫瑰，
一枝古老的月季花

仰韶文化时期的祖先们，在彩陶上记录下了两种美丽的花：菊花与玫瑰。然而，在历史的变迁中，它们的际遇却大相径庭。

分布在黄河中游地区，距今约五千年至七千年的仰韶文化，是研究中国文明史的重要线索。在目前已发掘的上千处仰韶文化遗址中，有一枝玫瑰熠熠生辉，甚至被研究者们拿来与龙并列，奉为华夏文明的重要标志，所谓"华山玫瑰燕山龙"。

华山玫瑰，指的是出现在仰韶文化中期彩陶上的玫瑰纹样，因以陕西华县泉护村出土的彩陶作为研究样本，故此得名。研究者们对这些原始纹样进行了辨认和分析，认为所绘制的主要是菊科和蔷薇科的两种图案，而蔷薇科花朵更为细致，茎蔓、花叶更齐全。

这朵原始风味的花，也许就是人类最早记录的玫瑰身影。

然而，随着社会形态的发展，原始人类对于植物的自然崇拜慢慢褪去。到了汉代，玫瑰的神圣属性已经荡然无存，它仅仅作为一种美丽的花朵存在——还是被调笑的那种。

这是一段著名的八卦："武帝与丽娟看花，蔷薇始开，态若含笑。帝曰：此花绝胜佳人笑也。丽娟戏曰：笑可买乎？帝曰：可。丽娟乃命侍者取黄金百斤，作买笑钱奉帝，为一日之欢。蔷薇名买笑，自丽娟始。"记录虽出自明代作者已然不详的《贾氏说林》，但故事的源头确实在汉代。

蔷薇、芳菲、玫瑰……由于蔷薇科观赏品种众多，所以名称也繁杂多变。而直到宋代，月季这个名字才正式出现，显然，这个名字来源于它连续开花的特征。宋代诗人韩琦便以"月季"为题作诗："何似此花荣艳足，四时常放浅深红。"而在达到古典写实主义巅峰的宋画中，更是不乏月季的芳容——遗憾的是没有流传到今天，只能零星地看到一些类似的花朵，比如李嵩《花篮图》中的黄刺玫，马远《白蔷薇图》中的重瓣白蔷薇，等等。好在我们还能通过诸多文字记载去感受一二，比如宋徽宗对诸待诏画作的评论："月季鲜有能画者，盖四时朝暮，花蕊叶皆不同。"

上行下效，对于月季的喜爱很快从宫廷传到了民间，月季很快成为百姓庭中之花，甚至还出现了《月季新谱》这类专门的园艺书，但由于缺少绘图，"银红牡丹""蓝田碧玉"

这些听来就让人神往的品种，也就无从得知其样貌了。

庆幸的是，明代出现了一位叫陈洪绶的画家，人物、花卉无一不精。虽然因为酷爱画莲而得了个"陈老莲"的别称，但他也没有忘记其他的植物，在他的《花鸟画册》中，一朵

对于《簪花仕女图》是否是真正的唐画，学术界始终存疑；但画面主角是典型的唐代贵妇，这是确凿无疑的。戏犬、采花，慵懒适意的生活气息显露无遗。而以簪花为名，也令植物研究者和爱好者们，对这六位女性头上的花枝，倍感兴趣。

勾勒精炼、设色清丽的粉色月季，特征描绘得十分细致，深杯状的花形，让人可以基本判定，这是一株香水月季。再辅以《本草纲目》《群芳谱》等的文字记载，月季越发让人印象深刻了。

到了清代，恽寿平、邹一桂、居廉等皆有以月季为题材的名画流传下来。不过，要从自然科学的角度去研究月季，最应该感谢的还是国际友人郎世宁。这位出生于意大利米兰的传教士，27 岁来到中国后被康熙皇帝召入宫中，从此开始了他漫长而高产的宫廷画家生涯。虽然讲究国画趣味，但他运用了大量的油画技巧，笔下所绘的植物、动物都相当具有写实性，既可观赏，亦有一定参考价值。

我想，如果不是宫廷画家的创作有着严格的限定和审核，也许郎世宁能早皮埃尔－约瑟夫·雷杜德几十年，为我们留下一部中国版的《玫瑰圣经》吧。

中国月季，
为什么变成了印度玫瑰？

中国月季缘何成为"印度玫瑰"？答案令人感慨，只希望这样的事情，不要再发生第二次。

七八年前，我在浏览国外一些玫瑰网站时，曾留下一个困惑，为什么有些典型的古老月季，会被标以印度玫瑰（India Rose）的名称？

探究的动力来自小小的不甘心，中国月季的荣耀，不应该被无故分润。而探究的结果令我叹息，一段屈辱的历史，一半是天意、一半是人为的缘分。

往事要从 18 世纪开始说起。其时，英国乃至整个欧洲对全球新奇植物的热情高燃，为了收集亚洲植物，英国东印度公司于 1787 年设立了加尔各答植物园，在很长一段时间内，这里成为一个搜集、培育和转运亚洲植物的枢纽。茶树、杜鹃、牡丹、朱槿、厚朴……当年轰动欧洲的那些东方植物，至今仍在南亚大陆繁衍生息。

举一个具体的例子来感受下这个过程吧。著名的植物猎人罗伯特·福琼（Robert Fortune），诸如毛叶铁线莲、十大功劳（俗称羊角莲）、白鹃梅、雪球荚蒾都是由他引入欧洲的，而应园艺学会的要求，玫瑰和杜鹃是他收集的重点。

福琼在 1848 年再次到达中国。这次，他的主要任务是在中国的产茶区收集茶树苗，送往英国当时在印度和斯里兰卡设置的茶园。第一趟的重点是绿茶，他先去了安徽休宁，然后从绍兴前往宁波；第二趟则以武夷山为目的地，在当地仔细研究了茶树和红茶的制作方法。之后，通过香港将大量的茶树苗寄往加尔各答后，福琼又在浙江和上海逗留了一段时间，收集了诸多园林植物，一起送往印度，再从印度返回欧洲。

中国和印度就这样在全球物种大交流的时代里，被联系起来。许多从印度转往欧洲的中国原生植物，都被草率地冠以印度之名，比如杜鹃，比如月季。

早在加尔各答植物园成立几十年前，月季就已经是东印度公司搜集的目标物。1711 年，东印度公司在广东（现在的澳门十六柱）建立了贸易点，随船的工作人员在澳门、广州等地的花市，大量采购从未见过的奇花异草。最早被引入西方的月季就是这样先到了印度，在加尔各答暂居，然后再搭乘商船从印度运往欧洲。在信息交流并不通畅的时代，产地由此变成印度也就不难理解了。

这倒是也可以验证那个有关于波旁玫瑰（Bourbon Rose）的猜测，它并非起源于法属波旁岛，而是在印度诞生。被商船带到当地的中国月季，和大马士革玫瑰在此杂交，形成的新品种，此后随商船传入波旁岛。

中国月季就这样成了印度玫瑰。

一张美丽的玫瑰图片，一个历史造成的误会，描绘下了中国月季的身姿，也记录下了一段令人感慨的历史。

　　如同音乐、建筑、舞蹈这些没有国界的艺术一般，玫瑰以其芳香与美丽，成为全世界第一眼都会爱上的花朵。而那些历史造成的小小遗憾，也会在它的芬芳中，渐渐消弭。

Part *11*

全球玫瑰大融合

现代玫瑰的历史，是由中国古老月季和欧洲古典玫瑰共同写就的，这几乎是所有人都同意的论断。

欧洲古典玫瑰有着浓郁的芬芳，有着很高的经济价值，但从观赏角度来说却不无遗憾，因为它们缺少多变的色彩与茁壮强健的姿态，并且每年只在初夏开一季花。而来自中国的古老月季，却恰好弥补了这一缺憾。

一场命中注定的相遇，一件现代园艺史上的盛事。

中国月季，
改变世界玫瑰史

18 到 19 世纪的植物猎人们，从中国带走了大批月季原种，这些东方的古老品种，改变了整个世界的玫瑰史。

1867 年，并没有发生什么重大的政治经济事件，但对玫瑰爱好者来说，这个年份意义非凡。以园艺师 Jean-Baptiste Guillot 在法国育成杂交茶香月季品种"法兰西"为标志性事件，古典玫瑰与现代玫瑰就此被划分开来。

这是一朵怎样的玫瑰，为什么能够被赋予如此重要的使命？

在今天的玫瑰爱好者看来，"法兰西"并不出奇，典型的粉色重瓣花朵，从中心层层绽开，完全开放后外侧花瓣翻卷，还略显凌乱。

然而，这是一朵代表了全球玫瑰大融合的花。

18 世纪末，在中国古老月季到达之前，欧洲大陆上的玫瑰，只在初夏盛开。唯一的例外是源于北非的秋大马士革玫瑰，它会在秋季二次开花。而关于这种开花能力的来由，有两种推测：一种说法是北非的气候欺骗了植物，诱导它将初次开花的时间推迟到了夏末，慢慢被培育成秋花品种；另一种则认为在我们不知道的时候，丝路上便曾有中国月季传来，与此地的大马士革玫瑰自然杂交，形成了秋花品种。

除了"吝啬"得只开一季花，以法国玫瑰为代表的欧洲古典玫瑰，还有一点令人遗憾之处，就是它虽然优雅美丽、芳香浓郁，但花茎柔弱，颜色和花形都过于单调。相较于人们对于玫瑰的狂热痴迷与歌颂，这样的表现显然有点……不令人满意。

所以，当植物猎人们发现了中国月季，并远渡重洋将它带到欧洲之后，园艺师们如获至宝：这纯正的红色！这明亮的黄色！这连续开花的神奇！他们以前所未有的热情展开培育工作，迅速获得了巨大成就。

18 世纪末到 19 世纪初，这是欧洲玫瑰育种的第一个高峰期，对应的正是第一批中国古老月季到达欧洲各国的时间段，也正是著名的"玫瑰皇后"约瑟芬建设她举世闻名的玫瑰园的时间段。这一时期育出的几个著名种群有诺瑟特玫瑰（Noisettes Rose）、波特兰玫瑰（Portland Rose）和波旁玫瑰。它们因所使用亲本的不同，各有特色，比如诺瑟特玫瑰，是欧洲本土的麝香蔷薇与来自东方的宫粉月季结缘所得；而波旁玫瑰，则是大马士革玫瑰和中国红月季的后代。然后，这些"混血儿"作为亲本，在一轮轮的杂交中，向着人们心目中的完美玫瑰形象进化。

前文提到过，现代玫瑰家族的庞杂性在于各品种间的反复杂交与回交，随便两株凑到一起就可以谈恋爱，以求获得

以观赏为主的现代玫瑰，品种众多，也涌现出了法国玫兰、英国奥斯汀、德国柯德斯等一批全球知名的玫瑰育种公司。图为 1997 年德国柯德斯培育的品种亚斯米娜（Jasmina），株形高大，枝条浓密，簇花大集群，明亮的粉红色花朵开放的时候相当耀眼，而且可以春秋两季开花，令观赏性大大增强。

最为优良的后代。当然，每一株优良后代也会迅速被投入到这种恋爱大业中去……最终，在 19 世纪 40 年代，到达了 H.P. 月季（Hbrid Perpetual Rose）——有人将之翻译为"杂交长春月季"，也有人翻译成"杂交多次开花月季"——这个阶段性的成就高峰。

这就是玫瑰的终点吗？当然不。H.P. 月季美则美矣，但还是有些美中不足，比如它不够丰花，花期也不够长，花色也不如人们想象的丰富。于是，在园艺学者们的再接再厉下，终于人类得到了梦寐以求的杂交茶香月季（Hybrid Tea Rose），这就是今天我们所熟悉的现代观赏玫瑰的主流种群。

1867 年育出的玫瑰品种"法兰西"，正是杂交茶香月季正式诞生的标志。因此，它被作为古典玫瑰与现代玫瑰交替的标志节点。其实这里还存在一个小小的修正，Jean-Baptiste Guillot 在育出"法兰西"的时候，仍然将之归入 H.P. 月季系统，直到 20 多年后杂交茶香月季正式定名，才将之划入这一种群。

杂交茶香月季开启了现代玫瑰的时代，成为地位尊崇的主流类型，但并没有一统天下。正所谓环肥燕瘦，大家各有所爱，丰花玫瑰（Floribunda Rose）追求的是花多繁美，持续盛放；而迷你玫瑰（Miniatures Rose）则以小巧玲珑见长，成为室内盆栽的新宠。当然，还有诸多园艺爱好者津津乐道的奥斯汀玫瑰（Austin Rose），致力于在现代玫瑰中融入更多古典的玫瑰血统，让它呈现芳香优雅的复古面貌，这真是对古典玫瑰爱好者的莫大慰藉。

随着基因技术的发展以及相关农业科技的进步，未来时代的玫瑰又会呈现怎样的模样？谁也说不准。时代前进，潮流轮回，人类的世界如此，玫瑰的世界又何尝不是！但可以肯定的是，经典亦是潮流。

玫瑰史不能忽略的
五个名字

> 这是五个在玫瑰史上不会被忽略的名
> 字，因为他们有意或无意的努力，促成了
> 东方月季和西方玫瑰的相遇，实现了这场
> 美丽的融合。

吉尔伯特·斯莱特（Gilbert Slater），一位东印度公司船长的儿子，自幼听着父亲对东方美丽植物的描述长大。父亲去世后，他继承财产，成为东印度公司的船东，有非常便利的条件，要求船长们从中国为他带回各种植物。

1791 年，斯莱特在新一批到达英国的植物中，发现了一株重瓣红色月季。那是前所未有的艳丽，而且连续开花，

他将之命名为 Slater's Crimson China，即玫瑰育种史上大名鼎鼎的中国月季"斯氏中国朱红"。由于习性强健，繁殖力强，不过几年时间，斯氏中国朱红就传遍了欧洲各大苗圃。

与此同时，另一个粉花品种也来到了英国，但关于它确切登陆的时间说法不一。有确凿记录的是，1793 年，它在英国首次开花，以栽培者帕森斯命名，Parson's Pink China，意译为"帕森斯粉色中国"。但更常见的称呼是官粉月季，这是一个月季和香水月季的杂交品种。

马格尔尼勋爵（Lord Macartney），一位率领使团访问中国的官员，虽然他本人无意促进玫瑰的东西融合，但随员们采集蔷薇属植物的行为，却记在了他的名下。硕苞蔷薇（Rosa bracteata）也因为这个缘由，又被称为马格尔尼玫瑰（Macartney Rose）。

1793 年，受英王乔治三世委派，马格尔尼勋爵率团出使中国，他的主要目标是打开中国贸易的大门，而硕苞蔷薇等蔷薇属植物资源的采集，不过是随员们的附加行为而已。

玫瑰的世界是单纯而美丽的，但人类的世界并不是这样。

约瑟夫·班克斯（Joseph Banks），不仅在玫瑰史上，而且在整个植物史上乃至近代科学史上都大名鼎鼎。他与木香玫瑰（Rosa bankisiae）的缘分，是人们津津乐道的故事。1807 年，木香玫瑰由受英国皇家学会委托的威廉·科尔（William Kerr）引入英国。时任会长的约瑟夫·班克斯，相当喜欢这种香远益清的白色花朵，将它送给了自己的夫人。所以，木香玫瑰的学名和英文名字（Banks Rose）都打上了班克斯的烙印。

亚伯拉罕·休姆（Abraham Hume），是另一位在玫瑰育种史上必会提到的人物。和斯莱特情况类似，他也是东印度公司的主管船东，他的私人花园以遍植中国植物著称，比如夜来香、山茶、玉兰和中国菊花等。1809 年，他得到了一个来自中国的新品种，和只有艳丽花色的月季不同，这株月季开花时，香气盈面。这正是在玫瑰育种中最为重要的另一个品种：香水月季。休姆将之命名为 Hume's Blushi Tea-scented China，翻译过来就是"休姆之中国绯红茶香月季"。

香水月季的第二发，由植物猎人约翰·丹尼·帕克斯（John D.Parks）于 1824 年带到英国，它是黄色的！这个

　　《柯蒂斯植物》（*Curtis's Botanical*），诞生于 18 世纪的一本老牌植物学期刊，至今仍在发行，创下全球发行时间最长的纪录，也在中西植物交流中留下了弥足珍贵的资料。它以植物铜版画的形式，如实记录了当时最受追捧的热门植物，比如这枝来自东方的古老月季。

前所未有的颜色激发了玫瑰培育者的热情，不断地将它拿来杂交，以期将那明亮的黄传递给后代。

由于香水月季耐寒性差，绯红茶香月季和黄色茶香月季不久后就在英国销声匿迹了，但它们的基因却被保留了下来，造就了今天观赏型玫瑰的主流种群——茶香月季。

在短短的二十余年间，几类最重要的原种，都已远渡重洋到达彼邦。而今天我们纵观整个玫瑰培育史，就以这些中国月季的加入为分界点：大量新品被培育出来，从早期的波特兰玫瑰、波旁玫瑰，发展到杂交长春月季，直至 1867 年"法兰西"的育成，杂交茶香月季取得压倒性优势。

古老月季与古典玫瑰的相遇，东方与西方的融合，开启了属于我们的玫瑰时代。

《玫瑰圣经》，记录了
一个属于玫瑰的新时代

一位名叫玫瑰的少女，在成为皇后以后，用了毕生的精力，建造了一座前无古人亦后无来者的玫瑰园。而另一位画师，则以手中的笔，为我们留下了167种玫瑰的宝贵记录。

在玫瑰的种植史上，约瑟芬皇后和她的玫瑰园是无法跳过的存在。拿破仑终其一生都在忙于征战，为了排遣寂寞，约瑟芬买下位于巴黎南部的梅尔梅森城堡，开始建造那座传奇的玫瑰园。

即使在今天看来，这些数字也是很惊人的：在皇后的玫瑰园中，种植着167种法国玫瑰，包括27种百叶玫瑰，7

种大马士革玫瑰，8 种白玫瑰。感谢雷杜德以他高超的画技，为这些珍贵的玫瑰留下一丝不苟的画像。很多年以后，我们仍可通过不朽的《玫瑰圣经》，来一窥当年古典玫瑰极盛时期的芳容。

其中，还有 22 种中国玫瑰——确切地说，是远渡重洋而来的古老月季，包括著名的月月红（斯氏中国朱红）与月月粉（帕森斯粉色中国）。在当时的欧洲，它是盛极一时的奢侈品，人们希望用它来与本土古典玫瑰杂交出与众不同的新品种，而又有谁的进度能比约瑟芬的玫瑰园丁更快呢？虽然英国在整体园艺水平上领先，但他们不会像约瑟芬那样，只专注于玫瑰，因为来自东方的杜鹃、山茶也同样令人兴奋。

在自然科学史上都会提到一笔的是，19 世纪初期，第一批玫瑰育种专家集中在法国，确切地说，在皇后的玫瑰园中。皇后的首席园艺顾问 Andre du Pont 和另外两名同伴开始尝试用人工授粉的方式来进行玫瑰育种，所获得的历史上的第一批新品种，据资料记载有 200 种之多。遗憾的是，在约瑟芬去世后，梅尔梅森玫瑰园迅速衰败，一万多株珍贵的玫瑰苗流散各地，不知所终。

　　梅尔梅森玫瑰园的辉煌只持续了短短的几十年。在皇后去世后，它无可避免地衰落了，那些珍贵的玫瑰品种不知去处。如今，它看起来和别的古堡庄园没有什么两样。我们只能去当年宫廷画家的笔下，追寻当年的回忆。

约瑟芬的目标是将梅尔梅森建成"欧洲最美丽、最新奇的花园"，至少在那十几年中，约瑟芬实现了目标，因为她身后的男人是拿破仑。一个前无古人应该也后无来者的例子是，在当时英法战事不断的情况下，英国海军部仍然肯颁发通行令，允许约瑟芬从伦敦一家苗圃订购的植物种苗通过海上封锁线。

以我这个现代人的眼光来看，约瑟芬和拿破仑的爱情，更像是一场各取所需的联盟。政治遗产和金钱遗产同样丰厚的寡妇，亟待叩开上流社会之门的军界新秀，与其说他们爱上彼此，不如说他们需要彼此。

然而，因为玫瑰，这段关系变得温情脉脉起来。有一个听起来像童话的细节是，法国海军曾接到过一条命令，要求他们从扣押的船只中缴获玫瑰种苗或是其他珍稀植物。另一条有据可查的记载是，在两人离婚的 1809 年，拿破仑仍给约瑟芬的玫瑰园赠送了约 800 种植物及种子，或者，这算是皇帝陛下对他"最珍贵的爱情"的证明？

除了收集当时世界上最全的玫瑰品种，来自世界各地的珍稀植物也在这里首度被引入法国，比如大丽花。用大型煤炉加热的温室里，种着几百种热带植物，当时能与此媲美的，也只有邱园的橘园温室而已。

除了感谢皇后，我们还得郑重感谢皇后的画师：皮埃尔－约瑟夫·雷杜德。

"在给予我们一朵玫瑰的同时，他给予了我们整个夏季的玫瑰。"（"For by giving us one rose, he has given us at the same time, all the roses of all summer days."）这是 1954 年法文版《玫瑰圣经》后记中，对于画家皮埃尔－约瑟夫·雷杜德最恰当的褒奖。

出生于列日省（Liege，今属比利时）的雷杜德，继承了家族的绘画传统，十余岁起就以绘制肖像、室内装饰画为生；23 岁时来到巴黎，投奔长兄，成为剧院的舞台设计师。在工作余暇，他背起画夹，去巴黎植物园写生。在这个过程中他引起了 Charles-Louis L'Héritier de Brutelle 的注意，这位名字很长的先生不仅是 18 世纪著名的植物学家，还担任着巴黎水域及森林总管一职。

这位伯乐给予了雷杜德当时所需要的一切：深入学习

的机会、出入只对少数人开放的专业图书馆、上层社会的人脉——其中便包括国王路易十六的宫廷画师杰勒德·范·斯潘东克（Gérard van Spaendonck），从他那里，雷杜德学到了一种特殊的水彩画技法，能够让花卉更加栩栩如生。1787 年，伯乐带领雷杜德前往伦敦邱园进行创作，邱园是当时世界植物研究的中心，来自各大洲的奇花异草汇聚于此。在邱园的两年间，雷杜德为大量珍稀植物绘制图像，使它们首度呈现于公众面前。

既忠于植物的原始风貌，又赋予它们动人的美，雷杜德被认为是"世界上最有才华的植物艺术家"。

翻开他最著名的《玫瑰圣经》，200 年前约瑟芬皇后花园里的那些玫瑰，仿佛就在眼前。夕阳照在小花玫瑰丛上，最外侧的一枝叶片也被染上了金黄的余晖。奥地利铜蔷薇花苞从橙黄向深红的渐变，无比自然。重瓣百叶玫瑰"莫可撒"花苞上的细密绒毛根根分明，花瓣泛着标志性的银色光泽。

《玫瑰圣经》的创作始于 1798 年，在短暂地为约瑟芬皇后担任画师之后，雷杜德因为专心创作而在法国大革命中幸存下来，也就是在这一年，约瑟芬皇后成为他的艺术赞助人。在皇后去世后，他用画笔记录了梅尔梅森玫瑰园无法重现的辉煌。

感谢这项悠久的技艺，成就了玫瑰史上这段独一无二的合作：一位醉心于玫瑰的皇后，以举国之力收集相关品种；一座堪称伟大的玫瑰园，汇集着世界顶尖的园艺师和育种者；一位技艺已臻巅峰的植物画家，无任何后顾之忧专心地创作。

即使是在照片、视频极其容易获取的当下，雷杜德这本一笔笔绘制的玫瑰图谱，仍然有着不可替代的价值。

在花园里，我们很难观赏到像图谱中这样"理想化"的玫瑰。繁杂的植物背景，玫瑰丛中滋生的枝条、残花，甚至是明媚的阳光、吹过的微风，这些自然界里真实而丰富的细节，在雷杜德的笔下都被艺术地省略了。最佳观赏度，无限制的观赏时长，只因为玫瑰，这唯一的主角。

有猎神的小鹿吃草在旁；
大朵的蓝铃花如围帐荫庇；
雏菊散发出玫瑰的香气；
玫瑰花拥有自己的芬芳，
那是尘世间绝无的异香。

——济慈

第五篇

玫瑰之路的最后一公里

Part 12

从卡赞勒克到苦水，
跨越中西的玫瑰谷模式

玫瑰谷不仅代表着一片玫瑰的优势产区，更是作为一种优秀的产业模式而被人提起。

　　在玫瑰谷模式中，玫瑰不仅作为一种经济作物，实现了价值最大化；而且，还带动了相关产业的发展，具有相当的社会影响力。这正是中国平阴、苦水、渭南、西昌等正在兴起的玫瑰城，最值得效仿和借鉴的产业模式。

　　然而，我们的玫瑰城，离真正的玫瑰谷，差距还有多远？

玫瑰谷之晨

玫瑰与自然的完整约定可能是这样的：土地负责滋养玫瑰植株，让它枝繁叶茂，开出美丽的花朵；而当微风吹起，阳光照耀时，玫瑰则有义务将它的芬芳散发出来，让这一方天地充满甜香。

玫瑰谷，便是玫瑰与自然履行约定的最佳场所。

5 月下旬，保加利亚玫瑰谷，绝大多数的玫瑰种植园中，并没有想象中的一片花海。只有凑近了，才能看到粉色的玫瑰花苞如星星般点缀在绿叶间。

花儿都到哪里去了？

其实，花儿在上午 10 点钟之前，就已被采下，装进布兜里，汇集到包装袋里，运到蒸馏精油的工厂里，倒进热气腾腾的蒸馏桶中了。

玫瑰精油的昂贵难得，并不仅仅因为它在花瓣中含量极低，也因为每一个环节都不容耽搁，很难有哪种植物原材料，像玫瑰花这样对于时间如此苛求。

玫瑰花期只有短短的二十余天，而在这期间，每天又只有最多 5 个小时的采摘时段，从凌晨 5 点到上午 10 点——如果天气晴好，采摘结束的时间还要提前。如果雨下得很大，同样无法采摘。

玫瑰谷最得天独厚的一点就是，温暖湿润，而且降水非常平均，特别是暮春到初夏这个时期，雨天虽多，但雨量不大，既不至于影响玫瑰花采摘，又有效地抑制了因阳光照射而带来的精油成分挥发。

无论是在摩洛哥的 Kalaat M'gouna，或是在土耳其的伊斯帕尔塔，所有玫瑰种植者第一件学会的事情就是在日出前采摘玫瑰。当玫瑰在清晨徐徐绽放时，晨露赋予花瓣最娇嫩的质感，低温和湿润的空气阻止了芳香成分的挥发，对于精油萃取来说，这样的玫瑰是质量最好的。

所以，如果想感受玫瑰花海，最佳时间是⋯⋯清晨5点。跟随早起的劳作者，随便走到哪一片花田，暗蓝的晨曦与深粉的玫瑰，风景令人沉醉。且看且珍惜吧，因为，随着采摘者的步伐行进，成排的花树会以肉眼可见的速度，慢慢褪去耀眼的花冠，只留下那些含苞待放的花蕾，它们是明天的收获对象。

　　在我的经验里，在长满针刺的玫瑰树丛里摘花，一双防护性能过关的手套是必需的，但在玫瑰谷的花田里，无论老少，基本上都是裸手操作。他们采摘花朵的动作相当有韵律感，五指虚拢，自上而下，将花瓣轻轻拢起，然后顺势自花萼底部拧断，一朵完整的大马士革玫瑰就落入手中。旋即，又是一朵，三五朵过后，一齐送到悬挂在腰间的布袋中。据说，一个熟手每天的收获量可达60公斤！

　　正值盛年的玫瑰树，产花量很大，走不了多远，布袋已经半满，采摘者便会返回到路口，将玫瑰花倒入规格统一的浅蓝色塑料袋，装满后扎口，一袋袋堆放在遮阳棚里。当晨间的采摘工作告一段落后，这些袋子便会被迅速装车，运往附近的蒸馏工厂。从现场的配合默契度来看，这个环节对玫瑰采摘工人来说已经熟极而流，完全无须思索。

　　不管在多么现代化的花田里，玫瑰花仍然只能靠人工一朵朵地采摘。在长满针刺的玫瑰丛中一路摘过去，而且只能摘当天清晨才开放的。

以上过程……并不是常规的游客项目，但朝圣而来的玫瑰爱好者，怎能错过这个现场观摩的机会？好在难度也不高，可以通过下榻的酒店联系农庄，也可以通过当地的导游来安排，总之，玫瑰不会辜负有心人。

当地有大量对公众开放的参与项目，玫瑰采摘当然必不可少。只是这类活动形式感远大于实际意义，通常安排在上午9点甚至更晚的时候开始，花田也是被特意保留的一片。不过，对大部分人来说，能亲自摘满一篮玫瑰，这就足够了。

5月玫瑰，一期一会，到了6月初第一个周末玫瑰节举行的日期，花期已经接近尾声，再想领略玫瑰盛开的风姿，明年请早。

格拉斯的长青与
卡瑙杰远去的荣光

一东一西，两个国家的香水工业中心，
都有着漫长的历史，却在这个时代，面临
着截然不同的两种局面。

《纽约客》曾经刊登过一篇报道，详细描述了一个玫瑰
园与一瓶香水的缘分。没错，你可能都已经猜得到能有此殊
荣的玫瑰园是哪家，即为香奈儿5号专供玫瑰的 Mul 家族
农场。

农场创办于 1900 年前后，在离格拉斯约十公里的佩戈
马（Pégomas）地区，占地 25 公顷，种植包括茉莉、晚香玉、

玫瑰在内的各种芳香植物。其中，大约近 4 公顷种的是玫瑰，每年收获 3000 ~ 4000 公斤花瓣。1987 年起，这里成为香奈儿的独家合作伙伴，为其提供茉莉和玫瑰，以保证每一瓶 5 号香水闻起来都与众不同。

类似 Mul 家族农场与香奈儿这样的合作在此并不止一桩，这是一场笃定的双赢：农场能够稳定地经营下去，而品牌也可以借助这种唯一性资源，为自己的商品争取更大的议价空间。

香料农场与品牌的合作，香水学院、香水博物馆等周边机构，玫瑰博览会、茉莉花节等文旅项目的成功，使得小镇从单纯以香水作为支撑产业，演变为以香水和旅游业双核心驱动的产业经济结构，这是古老的格拉斯为自己寻找到的长青之道。

而可与此对照来看的，是"东方格拉斯"卡瑙杰。

在 20 世纪 90 年代，这里有 600 余家玫瑰油作坊和工厂，现在只剩下 200 家还在运行。一方面是国际芳香业巨头进军印度，一方面是传统香水业中心难以遏止的衰败势头，为何卡瑙杰会陷入如此境地？

有很多显而易见的原因：政府对檀香木的管制越来越严格，致使当地以檀香混合玫瑰萃取精油的传统生产方式无法延续；小作坊式的生产效率和品控，都远远无法与大型现代化工厂相较，成本更是不在一条起跑线上；最致命的是，来自低成本化学合成香氛的冲击，让昂贵的传统玫瑰精油在快销品市场上无法坚持下去……

时代的变化对每个人都是公平的，只在于你是否能顺应潮流变化，找到当下的生存发展之道。显然，卡瑙杰还在摸索的途中。

"城隍坚峻，台阁相望，花林池沼，光鲜澄镜，异方奇货多聚于此。"这是一千多年前，玄奘法师在《大唐西域记·羯若鞠阇国》中的描述。

历经兴衰，东方格拉斯的明天，又会是何等模样？

玫瑰与玉米，
这不该是一道选择题

我从来没有想过，玫瑰和玉米会是一组可以互相替代的植物，这简直是黑色幽默。

从甘肃苦水到云南玉溪，在探访诸多小型玫瑰园的过程中，令我大为震惊的是，"玫瑰不好卖，就砍了种玉米"的说法，居然不止一次地出现。

没有贬低玉米的意思，但显然，作为一种市场空间巨大的经济作物，玫瑰无论是从短期提高经济收入，还是从长期建立良性发展模式来说，都更具有优势。

我问了好几家农户，种玉米的好处是什么？回答大同小异，种玉米简单、省力，"虽然卖不了多少钱，至少能够收回成本"。我默默地在心里翻译了一下，其实就是低技术含量、低投入以及低产出。

　　保加利亚一个玫瑰园的收入，是种玉米远不能及的。但是，这些农户的回答，有其现实环境因素，玫瑰这种经济作物，有时候居然比不上种玉米效益高！听起来很荒谬吧，但这种情况确实存在。

　　苦水玫瑰就曾有过这种"虎落平阳"的困境。20世纪80年代刚打开出口局面时，种植面积飞速增长，1986年高峰期的数字是约8000亩；然而，当外界原因出口中断后，玫瑰精油需求远远低于国内供给，积压严重，销售无门。"种玫瑰不如种玉米"在现实里真的发生了，大片玫瑰园被砍伐，直到21世纪初才开始逐渐恢复。然而，在还没有发展出成熟产业链的情况下，种植面积的迅速增加，仍然有着巨大的隐患。根据官方数据，2016年当地苦水玫瑰种植面积超过11万亩，而保加利亚的同期数字是6万亩。要知道，苦水玫瑰的出油率和保加利亚玫瑰是在同一水准上的！

在云南，情况有所不同。气候适宜的云南，是个植物王国，对玫瑰的引种也非常积极，从食用品种到精油品种，零星的玫瑰花园在道路两边经常出现。当地的玫瑰加工企业，大多采取一种类似于合作社的制度，即与私有的玫瑰种植者签订合同，定期收购，进行加工。看起来非常有前途的模式，但因为玫瑰花农缺乏专业的培训与长远的发展规划，使玫瑰原材料供给在品质和产量的稳定性上波动很大。而刚起步的上游产业，也很难快速催生出技术先进的新型工厂。所以，一路走来也是磕磕绊绊。

　　如何发挥这美丽花朵的巨大附加值，走上一条能够真正长久发展的玫瑰之路？也许，这就是时代赋予我们这代人的使命。

　　同样的玫瑰，在不同的地方发挥的作用大不相同。新一代的芳香从业者，对于玫瑰产业，有太多梦想，实现它的过程也许艰难，但我们有足够的勇气。

最后一公里，
最难

最后一公里，指的是最后的而且是最关键的步骤，无论前面做了多少工作，不打通这最后的关口，就无法实现目标。中国玫瑰产业的最后一公里，就这样横亘在所有人的面前。

中国也有自己的玫瑰节，你知道吗？

每年5月上中旬，山东省平阴县在当地玫瑰盛开期间，会举办规格相当高的相关活动，官方正式名称为"中国玫瑰产品博览会暨中国（平阴）玫瑰文化节"，在大部分媒体报道中，它通常被直接称为中国玫瑰节。

"中国玫瑰谷""玫瑰特色小镇"都是这场盛会的关键词，

2019 年的主题是非常应景的"以玫瑰之名，向世界发声"。是啊，中国玫瑰作为一个区域特色物种的美与不凡，是得到国际认可的；但是，作为一种经济作物，它在国际市场上的突破还远未实现。

分析中国玫瑰产业，这些软肋经常被提到：栽培技术传统，品种不规范；深加工技术落后；缺乏大型企业、龙头企业的带动；销售渠道单一，市场波动性大……无论是传统的玫瑰优势产区，还是后起的有志于在玫瑰产业一展身手的新兴地区，这些问题一直深深困扰着人们。

所有这些，归结为一句话就是，玫瑰产业链尚未成形。

产业链形成的前提是，各个产业部门形成特定的逻辑关系和时空布局关系。这样，才能保证各环节都获得最大收益。

在保加利亚的玫瑰谷，我感觉到了玫瑰产业链在生产环节发挥的巨大正面能量。花农们只要做一件事——种出最好的大马士革玫瑰，这些玫瑰，将会以合理的价格被收购，进入下一个产业环节，直至最后成为供不应求的优质玫瑰精油。

对于玫瑰这样一种特殊的经济作物来说，在现代化经济环境中，这种以优势产区为驱动的循环模式，毫无疑问最具有竞争力。

飞速发展的中国经济，并不缺少形成产业链的土壤。在新疆伊犁，这块被中国芳香产业寄予厚望的土地上，薰衣草产业链的探索和建设，已经初见成效。以兵团为主体的规模种植 + 龙头企业与深加工企业并立 + 与国内日化企业联动，使薰衣草产业从一开头，就走上了深加工产业发展的道路，种植户、加工企业或是下游用户形成完整链条，每个环节都能够享受到产业红利。

薰衣草可以，那么，玫瑰又有什么理由做不到呢？

伊犁河谷，已然与法国普罗旺斯、日本富良野并列为全球三大薰衣草产地之一。在这块中国芳香产业寄予厚望的土地上，继薰衣草的紫蓝色花海之后，我们期待粉色的玫瑰花海，那亦将成为最动人的风景。

Part 13

中国的玫瑰地图，
正在展开

如果有一张足够大的中国地图，在上面把所有小规模种植玫瑰的区域都标出来，那绝对是个令人惊喜的画面：从陕西到云南，从江西到四川，星星点点的玫瑰，绽放在祖国各个省份。

　　从星星之火，到燎原之势，谁知道我们在这条玫瑰之路上，还要跋涉多久，才能抵达目的地？

苦水，
中国的玫瑰谷

提到中国的玫瑰产业，甘肃苦水镇是必然会出现的地名。这个有着 200 余年种植历史的地方，以其特有的玫瑰品种和相对成形的产业链，令人对它瞩目。

虽然苦水玫瑰和大马士革玫瑰是两个截然不同的品种，但我却从它们身上看到了诸多上天成就的巧合之处。这些巧合令人难免对苦水玫瑰寄予厚望，未来有一天，它能与大马士革玫瑰相提并论吗？

《甘肃通志》说："玫瑰花出兰州。"

确切地说，不是出自兰州，而是出自距离兰州约 60 公里的永登县苦水镇。明洪武年间设庄浪卫，扼守河西交通要道，其下所辖苦水湾堡，即今天的苦水镇前身。所以，当地人以"丝路胜地，巍岸首驿"为荣。

这样一个并不算特别出奇的地方，如何成为中国独一无二的玫瑰产区？

在探寻玫瑰形成与传播的过程中，我作为一个无神论者，经常会涌起"难道这是天意"的念头。现在回看玫瑰的历史，诸多意义重大的转折，纯属偶然发生。当年伊朗的加姆萨尔村建清真寺，由于塞尔柱王朝正处于短暂的强盛期，所以拜占庭帝国也得派出使节来庆贺。使节临走时，从村外山坡上剪了一些玫瑰枝条，带回大马士革种植。

看，大马士革玫瑰的荣耀，居然始自一个连名字都没有留下的小人物一次偶然的采集。

苦水玫瑰的来由，与大马士革玫瑰真是迷之相似。清道光年间，苦水乡间的秀才王乃宪进京赶考，返乡时路过西安，见当地种植的玫瑰颇为艳丽，遂当作礼物带回了家乡。由于气候适宜，这种玫瑰便在当地繁衍成群，成就了中国著名的玫瑰之乡。

另一个让我觉得苦水玫瑰和大马士革玫瑰有神秘缘分的关键是，它们都是天赐恩宠的产物。在漫长的历史中，某两种或几种玫瑰机缘巧合地聚首，然后自然杂交，形成了一个注定要大放光芒的新品种，它们所具备的某些特质，人工培育至今也无法获得。

大马士革玫瑰以其万分之三点六的高出油率，稳居精油玫瑰翘楚。而由皱叶玫瑰和钝齿玫瑰（Rosa sertata）自然杂交形成的苦水玫瑰，在这方面的表现也是惊人的，它的平均出油率可达万分之三点八。

苦水玫瑰，可以说就是中国的大马士革玫瑰。原本它应该有同样出众的表现，成为国际芳香产业里位置重要的角色——它曾经离这个目标很近。在 20 世纪 80 年代，苦水玫瑰曾迎来难得的发展良机，1986 年，当地玫瑰精油产量已经超过 200 公斤，绝大多数出口，如果照此势头发展至今，苦水玫瑰的前途不可限量。

然而，令人扼腕的是，ISO 在 1991 年和 2003 年先后出台了两版玫瑰精油的国际标准（后一版为升级），苦水玫瑰精油由于香味、成分等指标与大马士革玫瑰精油相差较大，被粗暴地关在了这道窄门之外。苦水的玫瑰产业因此遭遇重挫，失去了一个绝佳的腾飞舞台。

之后，虽然国内也出台了编号为 GB/T 22443-2008 的中国苦水玫瑰（精）油标准，并在 2018 年进行修改，有力地促进了产业发展，但苦水玫瑰精油走出国门的路，依然崎岖难行。

由皱叶玫瑰和钝齿玫瑰自然杂交形成的苦水玫瑰，花头繁多，出油率向大马士革玫瑰看齐，是被国人寄予厚望的本土精油玫瑰，在各项指标上都相当有潜力。可惜，由于与国际标准无法对接，苦水玫瑰至今并没有获得它应有的位置。

秦渭玫瑰，
珍贵的火种

引种自保加利亚的优秀大马士革玫瑰品种，已然深深扎根于渭南这片沃土，并且以此为基点，在国内四处开花。

说到中国的大马士革玫瑰引种，就一定会提起秦渭玫瑰。它就像一粒珍贵的火种，30 余年来，在大江南北点燃一簇簇玫瑰之火。

渭南并非传统的玫瑰种植区，但这里地处黄河、渭河、洛河三川交汇之处，光照充足，雨量适宜，山、塬、川地貌多样，农业基础条件好。因此，1983 年，从保加利亚引种卡赞勒克玫瑰时，将渭南也列入了试种区。当时在国内一共挑选了 16 个试种区，河北、陕西、广东、浙江、江苏、云南、河南等省份都有试点。最后，这批试种区中只有渭南取得了成功，品种表现稳定，工业出油率超过万分之四，经实验室提取精油送检，符合国际标准。时任渭南试种项目负责人的曹改正，将国内种植的这个大马士革玫瑰品种命名为"秦渭玫瑰"。

在大马士革玫瑰的种植基础上，当地又相继引进了法国百叶玫瑰与摩洛哥玫瑰，依次命名为"秦渭 2 号玫瑰"和"秦渭 3 号玫瑰"，但经过试种比较后，还是选择了大马士革玫瑰作为主栽培品种。

20 世纪 90 年代初，当地开始大面积推广种植秦渭玫瑰，结果同样令人满意。目前，渭南已成为中国最重要的大马士革玫瑰引种区，在产量上可以达到平均每公顷 7000 公斤的数字，相较于保加利亚玫瑰谷的 9000 公斤产量，虽然还略有差距，但已经可以说是相当成功了。

秦渭玫瑰的成功，不仅仅在于一时一地。20 世纪 90 年代后期，保加利亚为了确保其垄断优势，开始限制玫瑰种质资源出口，由此秦渭玫瑰的价值更上一层楼，之后国内各地引种大马士革玫瑰，主要依靠的就是渭南的这批资源。比较成规模的有河北赵县、江西吉安、四川北川等地的项目，小型实验性引种更多，南至云南玉溪，西到西藏曲水，都在进行相关的尝试。

除了卡赞勒克玫瑰，另一个优势品种也被批量引种到国内，学名为 Rosa × damascena cv. Trigintipetala（塔伊夫玫瑰）的它，在国内以"大马士革玫瑰 3 号"为名，以便在商品推广上与使用"大马士革玫瑰 1 号"名称的秦渭玫瑰相区分。

虽然大马士革玫瑰对种植区域的气候条件要求较高，但国内并不缺乏具备条件的种植地，多年引种的事实证明，中国同样能够成为优质精油玫瑰的规模产区。

然而，种好玫瑰，只是第一步。

保加利亚玫瑰谷的模式已经给了我们足够的提示：与产量配套的工厂，及时消化玫瑰原材料，将它们转化为精油、净油、浸膏、花水等制成品；在行业机构的调控与帮助下，进入国际市场参与竞争。

显然，对中国的玫瑰种植业者来说，下面要走的路还很长。

　　1983 年开始的大马士革玫瑰引种，到现在为止，可以说在种植上取得了一定成就。但如果把玫瑰作为一个特色经济作物，比照玫瑰谷模式来衡量，那我们离成功仍然有相当的距离。

伊犁，
放大版的玫瑰谷

博罗科努山与天山形成的大锐角中，
是伊犁河冲积而成的肥沃平原，温暖湿润，
阳光充沛，这个神似玫瑰谷的区域，会有
怎样灿烂的明天？

其实，在中国的新疆，早有一片被国际芳香产业看重的
土地。在这里，薰衣草种植已经跻身世界前列，而大规模的
玫瑰种植，也已渐入佳境，这就是新疆伊犁哈萨克自治州，
塞外江南，芳香之都。

整个伊犁哈萨克自治州占地约 26.86 万平方公里，极
其辽阔。这片北疆宝地，背靠横跨新疆的天山山脉，东倚

阿尔泰山脉，西侧有塔尔巴哈台等多条山脉护佑，形成了一个能够留住水汽的口袋地形；加上西有伊犁河蜿蜒流过，东有额尔齐斯河呼应，气候温暖湿润造就了大量适宜农耕的平原良田。

目前，新疆伊犁河谷与法国普罗旺斯、日本北海道富良野并列，是全世界薰衣草种植排名前三的产区。

很难想象，伊犁漫山遍野的薰衣草花海，最初源于60粒细小的种子。

这个故事今天听起来颇具传奇色彩，20世纪60年代的时候，为了摆脱对进口薰衣草制剂的依赖，我国尝试在与普罗旺斯纬度相当的地区引种薰衣草，但始终没有成功。1964年，新疆生产建设兵团第四师65团受命在伊犁试种，从60粒种子开始，年复一年，直到1971年宣布成功。到了80年代，国产薰衣草已经能基本满足生产需求。

薰衣草成功了，那玫瑰呢？毕竟，这两者之间的联系太明显了。百叶玫瑰最初就是在普罗旺斯广为种植，所以也被称为普罗旺斯玫瑰（Provence Rose），伊犁有可能成为中国的格拉斯或是玫瑰谷吗？

至少，它已经是不折不扣的"中国香都"了。根据2015年的数据，伊犁香料植物种植面积达到了3.6万余亩，其中薰衣草约占一半，其余较大的品种依次为椒样薄荷、洋甘菊、迷迭香，第5名就是玫瑰，种植面积约为4000亩。

从地理环境和气候条件上来分析，位于自治州西南的伊犁河谷区域，是玫瑰非常理想的安身立命之处。博罗科努山与天山相交，形成了一个锐利的夹角，伊犁河从夹角中直穿而过，支流密布。霍城县和伊宁县一左一右，占据了这片宝地的黄金位置。

在看地图的时候，我不由地感叹出声："这不就是一个放大版的玫瑰谷吗？"

多年前，玫瑰自中亚向东方而来，却遗憾地停步在新疆；而如今，在伊犁这样一片天眷之地，玫瑰已日益繁盛。或许，这就是冥冥中，玫瑰要与中国接续那段未尽的缘分。

我的玫瑰梦

十余年前，我去保加利亚寻找玫瑰，满心向往，一身莽撞。

自恃拿的是法国留学签证可以通往欧洲，结果却在保加利亚海关被扣留良久，最后也许是我对玫瑰这个词的重复打动了警察，他们破例放我通行了。

住进预订的玫瑰谷酒店，然而此玫瑰谷非彼玫瑰谷，这家坐落在黑海之滨的酒店，离真正的玫瑰谷卡赞勒克还有三个小时火车的路程。

半夜起床，在言语不通的异邦，像赌博一样坐上陌生壮汉司机的车，到达火车站，来到举世闻名的保加利亚玫瑰谷。卡赞勒克，一座群山环绕的小城，玫瑰就在城市与山脉之间的土地上盛放。

千里周折，为它而来。

第一次去玫瑰谷的经历，已然被之后走遍世界寻找玫瑰的各种经历覆盖。然而，有两个细节我始终记得：

第一个细节，在玫瑰博物馆里，有一眼泉水，是他们引以为荣的水源，用这眼泉水蒸馏出来的玫瑰纯露，可以直接饮用。

第二个细节，陪同我参观的安娜，在送别的时候，用双手化开了一毫升在低温状态下半凝固的玫瑰精油。然后，她滴了一滴在我的手上，我就带着这芬芳离开，直到很久以后，它的香味仍然在我的鼻端萦绕。

玫瑰的萌芽

我是来自湖北孝感农村的一个普通女孩，在镇上读到高中，酷爱《红楼梦》与文史，当过乡村教师；乡村小学撤并后，来到武汉，在餐厅工作谋生。一个偶然的机会，看到《长江日报》上武汉环亚美容培训招生的广告，跟两位姑妈借钱，利用业余时间去学习美容。

四十天以后，还没有毕业，但因为成绩优异，我就直接被学校留用了，一脚踏入了美容领域，直到今天，成为法国菲茨（PHYT'S）中国区总裁，中国有机美容领域的先行者。

朋友们说我的成功属于这个时代的"中国梦",而我想说,无论什么样的梦想,都需要一步步坚定地走下去,才能抵达。

1995年,我决定去北京进修三年,报读北京驻颜美容学院的大专;紧接着,把事业根据地从家乡孝感搬到省城武汉,再由武汉进军北京。2007年,在北大读完光华管理学院课程后,因为行业里的一次考察,我去了法国和意大利,深入探访化妆品工厂。这次考察强烈地震撼了我,中国美容业的发展,和法国的差距,不是朝夕之间,而是三十年,甚至更远。

我要去法国学习,我要看看那里究竟有什么奥秘,能让化妆品和香水成为一个国家的支柱产业。出国前,我是英语零基础,闭关苦读两个月,顺利通过雅思考试,然后用了三个月的时间,攻读法语。在法国求学两年后,我坐在了法国INSEEC商学院的教室里,开始我的奢侈品管理硕士学习。

《摩利夫人的芳香治疗法》这本书,奠定了法国在芳香治疗法上的地位。为了追寻芳香治疗法,我来到法国;从这里,我去了英国、美国、澳大利亚,沿着长路上的芬芳,一头扎进香水香料的历史;从精油的源头埃及,寻到贸易的舞台伊斯坦布尔,再连接到可触摸的大市场法国……

在这漫长的探寻中，玫瑰是犹如火炬般的存在，它作为芳香植物的代表，无论在哪个领域都具有超脱的位置。它既是爱情之花，又是美容圣品，还是香料中的王后，它是独一无二的传奇。

我不仅是听闻传奇，还想亲自感受，领略它的魅力，并且，亲自将它的传奇续写下去，在中国。

把 PHYT'S 带回中国，把玫瑰送出国门

回国八年，我的事业继续发展，千头万绪需要铺开。然而，如果需要概括的话，我觉得重心就是两件事：一、把 PHYT'S 带回中国；二、把玫瑰送出国门。

从法国回来的时候，我带回了全球著名有机护肤品牌法国菲茨（PHYT'S），这算是一个计划之中又预料之外的收获。

决定去法国读书的时候，我其实隐隐有这样的想法：是否应该去寻找一个更适合的产品，带到中国来？然而，这个"更适合"的定义是什么，当时我也没有特别明确。但是，在做任何商业决策的时候，我永远会遵守的一条准则是："如果社会不需要，只是陈丽的荷包需要的话，那这个我不做。"

在法国，我和 PHYT'S 命中注定地相遇了。这个源于法国的有机化妆品奢侈品牌，在全球一直保持着专业沙龙有机品牌的领先地位。在初遇的惊艳后，我发现，它居然符合我所有列出的堪称苛刻的标准：

第一，也是最关键的，它有自己的研发。因为有了研发能力，才可能紧跟市场需求调整配方，将日新月异的科技融入自己的产品。第二，要有自己的工厂，对生产有绝对的控制能力。我对在法国找一个 OEM 品牌这种游戏不感兴趣。第三，要有完善的教育培训系统。从法国到中国，如果还需要我们自己翻译资料建立培训系统，那很难保证百分之百的传达。第四，还要有完善的国际物流系统……

经过了全方位的商业评估后，我做出了决定。在美容业，我走到今天，有完善的渠道、现成的人员，就缺一个"公主"，PHYT'S 就是我抱回来的公主。

万事开头难，PHYT'S 在中国并没有预想的那样立马受到欢迎。八年前，有机美容品牌在国内的认知尚未普及，市场推广工作伴随着有机启蒙，艰难推进。当时，我们自己的美容院还有从国外采购的其他产品，店长们为了业绩，不愿意从头开始做 PHYT'S。我就做了一个特别"过分"的决定，停批一切国外采购经费。

这样一直"熬"到第四年，滴水穿石，PHYT'S 的安全性和有效性得到了验证和认可；再加上当时高端美容市场上门服务热潮的推动，市场运营才渐入佳境。如今，PHYT'S 不仅在美容院线领域稳居鳌头，同时也通过各种渠道为大众所知。而它的成功，更是我在有机美容领域探索的重要一步。

那么，是时候进一步展开我的玫瑰梦了。

中国是蔷薇属植物的发源地，更是古老月季的中心，在 18 世纪达到顶峰的全球物种大交流中，来自中国的月季改变了世界玫瑰育种的格局。

然而，具体到在芳香产业具有重量级地位的精油玫瑰，我们的空白太多。

两千多年前，大马士革玫瑰沿着丝绸之路东来，在中国新疆的和田地区生长繁衍，但遗憾的是，它没有继续深入。而中国特有的平阴玫瑰、苦水玫瑰，虽然先天资质不错，却因为种种原因，没有进入国际市场，也就无法加入全球化时代的芳香盛会。

这一直令我耿耿于怀。

十多年前，我就去过甘肃苦水探寻过玫瑰。当我从法国读书归来，带回了新的品牌，有了更多的商业发展思路时，当年我在苦水认识的种玫瑰的老朋友，却依然停在原地，甚至陷入了困境。因为产业发展不充分，玫瑰精油销路不畅，辛苦种植的珍贵玫瑰，只能用来制作花茶！一脸愁容的村主任问我："你有办法把这些优质玫瑰卖到国外吗？"

我一直坚信，玫瑰产业是有前途的，就像保加利亚、摩洛哥那样，这些美丽的花朵足以撑起一个优势产业的经济大梁。作为一种经济作物，如果能更好地实现它的商业价值，足以改善当地农业的状态。

然而，仅仅将玫瑰卖到国外并不能解决根本问题，我相信"市场经济之父"亚当·斯密的那句名言："商业才是最大的慈善。"我要怎样，才能将玫瑰、高端品牌、芳疗、中国、法国、全世界这些元素，以一种最合理的方式组合起来，形成一条顺畅的商业链？

我的想法是，从有机护肤切入。玫瑰是横跨护肤、香氛、芳疗全领域的传奇花朵，是犹如皇冠上明珠一般的存在。现在，我就要去把来自中国的这颗明珠，送到它应有的位置上。

丝绸之路，也将是我的玫瑰之路

在这个世界上，有两个地方，令我感动和神往。一个是中国敦煌，一个是法国格拉斯。一个在茫茫戈壁，一个在蔚蓝海岸，并无相似之处，但它们在我心里，是一样的。

对敦煌的情，来自于我的丝路情结。

几经考察，我最终选择从新疆伊犁开始这条玫瑰之路。伊犁，西域香都，中国的香料之乡，薰衣草全球四大种植地及精油产区之一。伊犁河谷由于气候得天独厚，适宜各种香料作物栽培，中科院植物研究所早就在这里开展了与玫瑰相关的种植研究。

八年前刚回国时，我就考察过这里的种植基地。那时候，他们也刚刚起步，一切都还是未知，但是，对于玫瑰共同的爱，让我们一直保持着密切的联系。我们共同研究大马士革玫瑰如何在伊犁 —— 确切地说，是伊犁霍城这片上天为玫瑰而特意留出的地方 —— 生长、绽放；我们共同探讨如何将中国种植的大马士革玫瑰，纳入国际化市场的标准规范……

现实中，我跋涉于玫瑰之路；精神世界中，我亦徜徉于《玫瑰之路》：一本以玫瑰为名的书，一本深入探寻精油玫瑰来龙去脉的书；一本可以跟随作者去探访全球玫瑰产区的书；一本对中国玫瑰寄予厚望的书……

它是一面旗帜，飘扬在我心中那条玫瑰之路的起点。

对我而言，最终的目标是，利用世界前沿的研发、生产技术，最大限度地提升玫瑰的附加值，这既是玫瑰种植业的出路，也是中国美容行业未来突破与发展的方向。

或者，再过几年，我能够实现隐藏心底已久的另一个梦想：国际美妆，中国出品。泱泱大国，偌大市场，我们可以的！

由于对玫瑰的这份热爱，我几乎是处于一种燃烧自我的状态，白天过中国时间，晚上过欧洲时间 —— 我持续地在和瑞士一个实验室的专家探讨，如何开发中国的玫瑰。这个实验室不久前发表了一份对于阿尔卑斯山高寒玫瑰的成分应用成果，在业界反响极大，我对他们对新品种玫瑰的应用研究能力非常看好。从中国种植的大马士革玫瑰开始，未来，我希望中国的苦水玫瑰、平阴玫瑰，都能够借助这种国际一流的研发，拥有更好的前途。

这本《玫瑰之路》，算是这十余年来所见、所思、所行的一份总结记录，很开心的是遇到了厨花君这位同路人，原本是杂志主编的她，五年前在北京郊区租地，践行都市农园至今，我们一起，从探究玫瑰的起源开始，一路追寻它的足迹，探访那些曾被玫瑰芬芳薰染的古城，在壁画、诗歌与史书的缝隙里，窥见玫瑰的身影，两年多的寻访、碰撞、讨论，最终成书。

十余年前，我带着一抹幽香，离开保加利亚玫瑰谷。

未来，我希望有一天，带着来自中国的芬芳，重走一条串起东西方的玫瑰之路。

陈丽

图书在版编目（ＣＩＰ）数据

玫瑰之路：一朵花的丝路流传 / 厨花君, 陈丽著.
-- 桂林 : 漓江出版社, 2020.3（2020.11重印）
ISBN 978-7-5407-8752-3

Ⅰ. ①玫… Ⅱ. ①厨… ②陈… Ⅲ. ①玫瑰花 - 普及读物
Ⅳ. ①S685.12-49

中国版本图书馆CIP数据核字(2019)第225813号

玫瑰之路：一朵花的丝路流传
MEIGUI ZHI LU：YI DUO HUA DE SILU LIUCHUAN

厨花君 陈丽 著

出 版 人：刘迪才
策划编辑：杨　静　　　　责任编辑：杨　静
助理编辑：林培秋　　　　封面设计：红杉林
版式设计：夏天工作室　　责任监印：黄菲菲

出版发行：漓江出版社有限公司
社　　址：广西桂林市南环路22号　　邮　　编：541002
发行电话：010-85893190　　0773-2583322
传　　真：010-85893190-814　　0773-2582200
邮购热线：0773-2583322
电子信箱：ljcbs@163.com　　　微信公众号：lijiangpress

印　　制：北京中科印刷有限公司
开　　本：880 mm×1230 mm　1/32
印　　张：8.75
字　　数：135千字
版　　次：2020年3月第1版
印　　次：2020年11月第2次印刷
书　　号：ISBN 978-7-5407-8752-3
定　　价：52.00元

漓江版图书：版权所有，侵权必究
漓江版图书：如有印装问题，可随时与工厂调换